火星
ガイドブック

鴈 宏道 著

恒星社厚生閣

ヴァスティタス・ボレアリス
シドニア地方
サビウス地域
アキダリア平原
アラビア地方
スキャパレリクレーター
テンペ地方
クリュセ平原
子午線湾（メリディアニ地方）
アルバパテラ
ルナ平原
マーガレット地方
ノアキ
ソニス平原
オリンポス山
アスクレウス山
タルシス地方
パボニス山
マリネリス渓谷
アルギュレ平原 ガレクレーター
アルシア山
ソリス平原
タイダラ平原
（ダエダリア）
アオニア地方
（アオニウス）
シレーン地方

口絵 1.　ゲールクレーターに着陸したキュリオシティからのパノラマ．周りの山々はクレーターの内壁．（©NASA/JPL/Malin Space Science Systems）

口絵 2.　クリュセ平原に着陸したマースパスファインダーの着陸サイトからのパノラマ．（©NASA/JPL）

口絵 3.　メリディアニ平原の一角に着陸したオポチュニティが通過した直径 20 m の「イントレピッド」クレーター．（©NASA/JPL-Caltech/Cornell.）

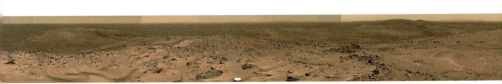

口絵 4.　グゼフクレーターに着陸したスピリットが見たハズバンドヒルのエベレスト・パノラマ．（©NASA/JPL-Caltech/Cornell.）

口絵 5. クリュセ平原に着陸したバイキング 1 号ランダーからのパノラマ.（©NASA/JPL）

口絵 6. ユートピア平原に着陸したバイキング 2 号ランダーからのパノラマ.（©NASA/JPL）

口絵 7. アルカディア平原に着陸したフェニックスランダーからのパノラマ.（©NASA/JPL-Caltech/University of Arizona/Texas A&M University）

口絵 8. Wrinkle ridge 曲がりくねったしわ状の隆起（©NASA/JPL-Caltech）

口絵 9. Crater rim クレーターの縁の地形（©NASA/JPL-Caltech）

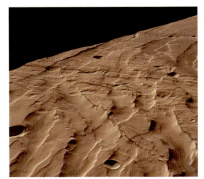

口絵 10. Graben 直線状あるいは曲がった地溝構造（©ESA/DLR/FU Berlin, G. Neukum）.

口絵 11. Yardangs 直線あるいは曲線状で平行な風食地形（©ESA/DLR/FU Berlin, G. Neukum）.

口絵 12. Outflow channel 洪水河川地形（©ESA/DLR/FU Berlin, G. Neukum）.

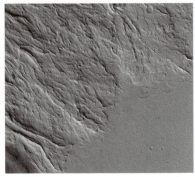

口絵 13. Lobate flow 火山の溶岩流や泥流（©NASA/JPL-Caltech）

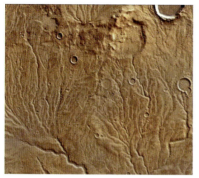
口絵 14. Channel 曲がった谷，樹状の河川の川床（©NASA/JPL）

口絵 15. Caldera rim 火山性の崩壊か噴火による陥没カルデラ地形（©NASA/JPL-Caltech）

口絵 16. Scarp 曲がったりギザギザした構造状あるいは火山性のがけ，崩壊地形（©NASA/JPL-Caltech/University of Arizona）

口絵 17. Spiral trough 風と日射による渦巻き状の谷，断層面（©NASA/JPL-Caltech/University of Arizona）

口絵 18. Pit-crater chain 谷や地溝に沿って直線あるいは曲線状に並んだピット状火口列（©ESA/DLR/FU Berlin G. Neukum）

口絵 19. "swiss cheese" terrain ドライアイスに覆われた凍土地形（©NASA/JPL-Caltech/University of Arizona）

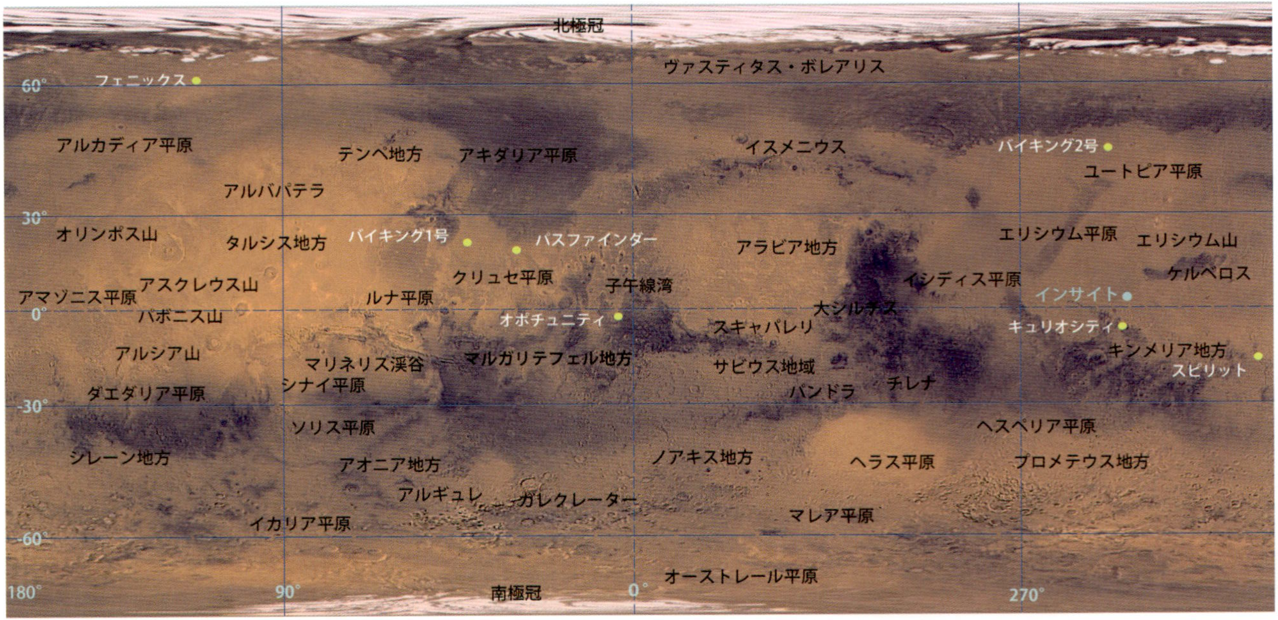

口絵 20．火星に着陸したランダー，ローバーの着陸地点．薄い灰色は失敗，水色は計画中のもの（©NASA/JPL-Caltech）

口絵 21. 火星探査機と着陸機（©Jason Davis/astrosaur.us）

口絵 22. マリナー 4 号の打ち上げ．アトラスアジェナ D ロケット（©NASA）

口絵 23. バイキング 1，2 号の打ち上げロケット タイタン III E（©NASA）

口絵 24. マーズ・パス・ファインダー，マーズ・グローバル・サーベイヤー，2001 マーズオデッセイ，フェニックス，の打ち上げロケット デルタ II（©NASA）

口絵 25. マーズ・リコネッサンス・オービター，メイブン，の打ち上げロケット　アトラス V（©NASA）

口絵 26. インドのマーズ・オービター・ミッション（マンガルヤーン）ロケット PSLV-XL（©ISRO）

はじめに

　火星は太陽系の惑星のなかでその姿や形が地球に最も近い星とされています．大きさは地球の半分近い小さな惑星ですが，四季の変化が見られたり，雲や霧が出ていたり，北極や南極が白く，氷の存在を思わせたりします．さらにはタコのような火星人でごぞんじのとおり知的生命が存在しているのではないか，と100年前までは半信半疑ながら信じられてきた惑星です．100年前というと遠い昔のように感じるかもしれませんが，20世紀の初めのことです．火星に知的生命がいる証拠を探そうと，当時の最新鋭の天体望遠鏡や観測機材をつぎ込んで，世界中の天文学者や天文愛好家を巻き込みました．

　しかし，これがとても大変な作業でした．なにしろ火星は2年2か月に一度地球に近づきますが，一番大きく見える大接近は，15年に1度，それも観測に適しているのは最接近前後3〜4か月，ヨーロッパやアメリカの多くの天文台からは南の空低い位置のため，1日数時間程度しか観測できない，という中での記録がたよりでしたから．

　なんとも気難しい天体，というところですが，それがゆえに惹かれた，ということもあったかもしれません．さらに人々の関心を高めたのが，火星に「運河」を発見した，という発表です．初めはスジ，とか水路，などの意味を持たせた表現が，運河と誤訳されたことから人々の関心を一気に高めました．おりからスエズ運河，キール運河，パナマ運河と，19世紀後半から20世紀前半にかけて作られた世界の巨大運河のこともあり，火星には人類より進んだ文明を持った知的生命がいて，火星全体に運河を張り巡らせている，と考える人たちも現れました．

　論争は，火星の大気やその成分を測る物理観測ができるようになると，さすがに知的生命体議論はなくなり，植物や微生物の存在の有無が関心事になりました．

400年前にガリレオが初めて望遠鏡を向けた火星．以後，追い求めてきたすべての疑問に答えを出した，とまではいかないまでも，火星の実像にかなり近づいてきたのが,探査機をロケットで飛ばして直接調べるという，火星探査です．1965年，アメリカのマリナー4号に始まった火星探査ですが，数々の失敗を経て，今や水の存在，過去の気候変動とその原因，現在の地表の様子や環境など，高精細な画像とともに知ることとなりました．
　翻って，私が初めて火星に関心を持って望遠鏡を向けたのは，1973年の火星大接近のことでした．見えたのはゆらゆらとゆれるオレンジ色に光る小さな火星に，白い極冠と少し黒っぽい模様があることがわかったくらいでした．私が使った望遠鏡は，ガリレオ並の口径7.6 cmの屈折望遠鏡であり，大学の20 cmの反射望遠鏡でも火星を見ましたが，望遠鏡の大きさほどには，大きなちがいはなかったように思います．
　当時，すでに探査機が火星の地形を映し出し，運河論争は過去のものになっていましたが，火星を望遠鏡で観測しその模様の変化を調べたり，季節による極冠の消長を眼視観測で記録する（スケッチする）ほうが写真よりも細かい変化をとらえるには優れている，といった考えが強かったように思います．確かに写真観測は天体観測のうち，流星，小惑星，彗星などの位置測定や形状の記録，新星捜索などでは主流になりつつありました．私も天体写真入門という本や天文雑誌などを読み，天体写真の撮影をいろいろと試みました．火星はもちろん，木星や土星などの惑星も見たようにはなかなか写せないものでした．
　1976年，大学を出て，博物館の学芸員として就職した年にバイキングが火星に降り立ちました．2機のランダーから送られてきた火星の風景は赤茶けた荒涼とした平原でした．オービターが撮影した水の流れた様子にも驚き，興奮してながめたものです．しかし，今ほど自由に画像が見られたり，説明を読むということができない時代でしたので，その全容を見る機会はなかなかなく，インターネット上でバイキングの成果をつぶさに見られるようになってからでした．2003年の火星大接近時，博物館で企画した特別展でその成果をぞんぶんに利用させてもらったものです．
　20世紀の終わりから21世紀になって，火星にはたくさんの探査機が到

達し，大量の画像などの情報が自由に見られるようになってきました．しかし，いまだにどこになにがあって，どのように見ればいいのか，なかなかつかみにくいところではあります．

　本書では，火星は何が面白いのか，何を見たらいいのか，その方法と楽しむポイントについて，解説することにしました．さらに，過去の火星観測から今の火星探査に至る歴史的な経緯やその過程で考えられてきた火星像，得られた情報をどう解釈してきたのか，さらに何を知ろうとしているのか，そのための手段としての探査の歴史と積み重ねてきた成果，など大まかな火星に関する歴史をまとめました．

　もちろん，漏らしている大事な情報，大きな事件，火星を知るうえで持つべき理論などたくさんあると思います．本書を踏み台にしてこの興味深い隣人，人類の次の探査目標，さらには遠い将来の移住場所，に対して理解を深める出発点にしていただければ幸いです．

　本書を構成する数多くの画像は，NASA の探査機，ローバー，ESA の探査機からの画像を使わせていただきました．火星がどんな惑星なのかを画像を見ることで理解しやすい時代になったものだ，とつくづく感心した次第です．

　火星面の季節変化，主な模様や地形の観察について，日本の火星観測者として世界的に名を知られ，大阪市立電気科学館（現大阪市立科学館）の学芸員でプラネタリウム解説者でもあった佐伯恒夫氏が執筆された，「火星とその観測」より，引用させていただきました．引用を快諾いただいた佐伯氏のご子息佐伯雅夫様に感謝いたします．

　最後に，本書の発行にあたり，編集作業を進めてくださった小浴氏，並々ならぬご努力を払ってくださった恒星社厚生閣の片岡社長に感謝いたします．

　　　2018 年 5 月

　　　　　　　　　　　　　　　　　　　　　　　　　　　　鳫　宏道

火星ガイドブック　目次

はじめに ……………………………………………………………… (ix)

第1章　火星の楽しみ方 …………………………………………… (1)

1　火星を見る良いタイミング ……………………………………… (2)
　　火星が地球に接近するタイミング…(2)　　火星の接近には大，中，小接近がある…(5)　　火星は大接近と小接近で明るさ，大きさが大きく変化する…(8)
2　火星の模様は火星の自転とともに移り変わっていく …………… (10)
3　火星には地球に似た，四季の変化がみられる ………………… (14)
　　火星暦…(15)　　火星の四季の変化…(16)
4　火星の主な模様と地形 …………………………………………… (18)
　　中央経度別の火星面…(19)
コラム　火星と地球　比較すると ………………………………… (23)

第2章　望遠鏡での観測時代 ……………………………………… (25)

1　望遠鏡で見たもの ………………………………………………… (26)
　　ガリレオ…(26)　　ホイヘンス…(27)　　カッシーニ…(28)　　ハーシェル…(28)
2　火星の地図作りの開始 …………………………………………… (30)
　　最初の火星地図…(30)　　プロクターの火星地図…(30)
　　2つの衛星を発見…(31)
3　運河論争ぼっ発！ ………………………………………………… (31)
　　スキャパレリが運河を見た？…(31)　　ローエルとアントニアジの論争…(33)
　　アントニアジの火星図…(35)
コラム　火星人の来襲した夜　アスピリン・エイジ（1949年）より… (38)

第3章　火星の地史 ………………………………………………… (39)

1　火星の地質図 ……………………………………………………… (44)
2　火星の誕生 ………………………………………………………… (45)
　　太陽系形成の標準シナリオ…(45)　　惑星の形成過程…(45)
　　火星の進化史…(47)　　火星の表層…(49)
3　火星の地史 ………………………………………………………… (50)
　　火星のクレーター年代学…(50)　　ノアキアン（45.5億年前から37億年前）…(51)
　　ヘスペリアン（37億年前から30億年前）…(54)
　　アマゾニアン（30億年前から現在）…(57)
4　火星の衛星 ………………………………………………………… (60)

xiii

コラム　地球に落ちた火星の石　火星隕石，なぜ火星から？ ……(62)

第4章　生命は？　積み重ねた探査結果……(63)

1　火星探査で見えたもの…………………………………………(64)
　マリナー4号の快挙…(64)
2　マリナーからバイキングへ……………………………………(66)
　火星の人工衛星マリナー9号…(66)　　野心的なバイキング計画…(68)
　バイキングランダーの生物実験…(68)　　バイキングの気象観測…(73)
3　次世代の火星探査………………………………………………(75)
　マーズ・パスファインダー…(75)　　マーズ・グローバル・サーベイヤー(MGS)…(78)
　MGSの軌道上からの気象観測…(80)　　2001マーズ・オデッセイ…(82)
　マーズ・エクスプロレーション・ローバーミッション―「スピリット」，「オポチュニティ」…(84)　　スピリット…(85)　　オポチュニティ…(86)
4　生命の星の歴史と存在の確証…………………………………(88)
　マーズ・サイエンス・ラボラトリ「キュリオシティ」…(88)
　マーズ・リコネサンス・オービター(MRO)…(93)　　マーズ・エクスプレス…(95)
　フェニックス…(98)　　メイブン…(100)　　インドの火星探査機「マンガルヤーン(Mangalyaan)」…(102)　　エクソマーズ…(103)

コラム　グレート・ギャラクティック・グール　火星の呪い……(105)

第5章　新しい火星像……(107)

1　火星の地形の主な特徴…………………………………………(108)
2　火星の内部構造…………………………………………………(109)
3　火星の地形の二分性……………………………………………(112)
4　タルシスドームと巨大な火星の火山…………………………(114)
5　マリネリス峡谷…………………………………………………(118)
6　川の流れた痕か，洪水か………………………………………(121)
7　谷ネットワークと流出チャンネル……………………………(122)
8　火星の大気と気候………………………………………………(125)
9　北極冠，南極冠の消長…………………………………………(131)
10　今でも水が流れたと見られる形跡……………………………(134)
11　ダストデビルからグローバルなダストストーム(砂嵐)……(136)

参考文献………………………………………………………………(141)
索引……………………………………………………………………(143)

第1章
火星の楽しみ方

　見たことありますか，火星って．

　火星接近となれば望遠鏡で火星を見たい，というのが人情というもの．しかし月や土星と比べて面白いか，というと，そう感じてくれる人は少ないのではないでしょうか．特に世紀の大接近，とかマスコミで話題になれば，どうせなら一番良く見えるもので見てみたいし，写真に撮れるものなら撮ってみたい，という気分にもなります．

　それではその気持ちを満たしてくれる望遠鏡は，というと，火星に関していえばちょっとハードルが高い．それは火星が小さいことにつきます．小さいからよく見ようと高い倍率をかける．すると，ぼやける，暗くなる，ゆらゆらする，などの現象がおこってしまいます．これらのうち望遠鏡のせいで起こることは意外と少ないのですが．

　さらに火星の何が見えているのか，何が見えればいいのか，がわかりにくいということがあります．

　まずは火星を知って，仲良くなろうと理解する．そこに望遠鏡も組み入れて興味の対象にしていくと，楽しめるし，身近な隣人として関心も高くなると思います．

1. 火星を見る良いタイミング

 最近は天文現象の話題がテレビで取り上げられることが多くなった気がしている．気象予報士の方々がお天気キャスターとして登場するようになってから，気象現象同様，天文現象も空の変化のひとつと捉えられてきたのかもしれない．なかでも，日食や月食，流星群のような太陽系の天体たちの話題は多いだろう．火星もほぼ2年2か月おきに地球に接近するので，「火星が接近中です」，とか，「赤く輝く火星が見えます」，などとアナウンスされることで，注目されるようになる．

 火星を見よう見よう，と思いつつ，気が付くと夕方の南の空の光っているのが見えた．物置にしまってある望遠鏡を引っ張り出してみると，とても小さな火星像にがっかり，といった思いを持たれている人も案外多いことだろう．自分はそんなことはない，という人も，小さな火星を見て興味が薄れてしまった，という思いを持ったのではないか．

 そう，火星は関心は高いが，意外ととっつきにくいところがある惑星なのだ．では，2年2か月おきに地球に接近するのになぜ大接近が15年おきなのだろうか？ 火星の一番の見ごろはいつなのか，いつ見るのがいいのだろうか？ 火星の見方，地球と火星の位置関係を理解できればそれほど複雑ではない．見るタイミングは火星が地球に近づいた時ということだ．では具体的に見ていこう．

 ＜火星が地球に接近するタイミング＞
 火星が地球に接近するタイミングは決まっている．それは地球が火星を追い越すときだ．火星は地球の外側を回る，外惑星だ．外惑星はケプラーの法則で知られているように内側の惑星より太陽の周りをまわるスピード，公転速度がおそい．しかもアウトコースを回るから走る距離も長く余計時間がかかる．すなわち地球より公転周期が長い．火星の場合，公転速度は平均して時速8万7,000 km．秒速だと24.1 kmだ．

 地球は平均時速10万7,000 km．秒速だと30 km．そのため，火星はい

つもほぼ2年2か月おきに地球に抜かれるのだ．

図1・2は太陽系の惑星のうち，地球と火星の軌道を描いたものだ．

地球と火星，どちらも太陽の周りを同じ方向に回っている．地球の公転面の北側から見下ろすと，公転も自転も左回りである．

地球は太陽からほぼ1億5,000万kmの距離を回っている．その公転周期は1年，365日．火星は2億kmから2億5,000万kmの距離を公転周期1.88年，687日で回っている．地球と火星が接近するのはインコースを回る地球がアウトコースを回る火星を追い越すときで，したがって接近は780日，約2年2か月毎に起こる．

地球の公転軌道は円に近い．火星はだ円で，太陽に近いときと遠いときとで5,000万kmの差がある．そのため，火星が太陽に近いときに地球が接近すると，その距離は5,600万km，見かけ上の火星の直径（視直径）は角度で25秒（1秒は角度1度の3600分の1），火星が太陽から遠いときは距離1億km，視直径は14秒となる．

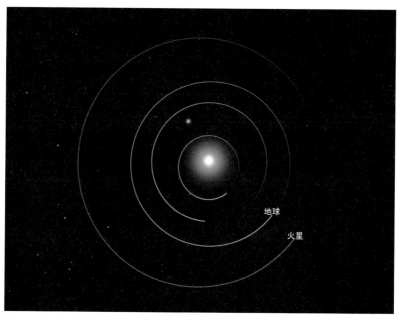

図1-1　2018年7月31日，大接近時の地球と火星のそれぞれの軌道上の位置

表 1-1　2035 年までの火星接近

衝	距離 (万 km)	最接近	距離 (万 km)	視直径 (秒)	接近度
2018 年 7 月 27 日	5790	7 月 31 日	5760	24.1 "	大接近
2020 年 10 月 13 日	6285	10 月 6 日	6207	22.3 "	大接近
2022 年 12 月 8 日	8250	12 月 1 日	8145	16.9 "	中接近
2025 年 1 月 16 日	9645	1 月 12 日	9608	14.4 "	小接近
2027 年 2 月 19 日	10170	2 月 20 日	10142	13.8 "	小接近
2029 年 3 月 25 日	9735	3 月 29 日	9682	14.4 "	小接近
2031 年 5 月 4 日	8385	5 月 12 日	8278	16.9 "	中接近
2033 年 6 月 27 日	6405	7 月 5 日	6328	22.0 "	大接近
2035 年 9 月 15 日	5730	9 月 11 日	5691	24.5 "	大接近

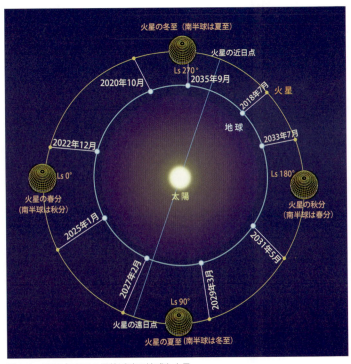

図 1-2　2035 年までの最接近時の地球と火星

＜火星の接近には大，中，小接近がある＞

火星は近づくにつれて，見た目の明るさもかなり変化する．火星が地球から最も遠くなる時が見た目も最も暗くなるが，その位置は太陽の向こう側に見えるときで，明るさは2等星くらい．この時期を「合」という．

一番明るくなるのは，接近する時で，太陽とは地球を挟んで反対側，すなわち地球の夜側に位置する時で，明るさは最大でマイナス2.8等．この時期を「衝」という．最接近日は正確には衝の前後数日のずれがある．

地上で見上げる火星はどのように見えるのだろう．合の時は太陽に最も近いため，昼の空に出ていることになる．そのため，見えない．衝のとき

図1-3　みずがめ座に見えた2003年8月大接近時の火星．この時の火星は距離5000万km，明るさ-2.8等，視直径は25秒角もあった．

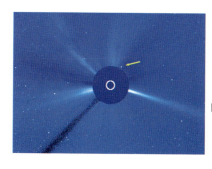

図1-4　SOHO太陽観測衛星から見た太陽の近くにいる合の時の火星．実際には太陽の向こう4億kmのかなたにいる．（©soho/ESA/NASA）

は太陽と反対側,すなわち真夜中に南の空に見えることになる.実際には,日の入りとともに東の地平線から昇り,真夜中に南の空に,明け方に西の空に位置する.

　火星は合の後,徐々に太陽から離れ,明け方の東の空に見えるようになる.そのころの明るさはまだ2等星から1等星のため,まず人目につくことはない.最接近まで10か月以上前のことだ.その後,ゆっくりと太陽から離れ,徐々に明け方の東の空高くなる.

　火星は他の惑星と同じように黄道上を東に向かって動く.1日の動きを見ていると,星座を作る星たち同様東から昇って南の空を通って西に沈む,という日周運動をしているのだが,合の頃で1日に角度で40分,東へ動いてゆく.太陽は1日に約1度,黄道上を東に動いているので,差し引き角度で20分,時間にして約80秒,太陽よりも早く東の地平線から昇る.それらが積もり積もって徐々に太陽から離れ,それが明け方の火星の動きとして見える.

　火星は見かけ上黄道を動くので,12ある黄道星座の中を進む.そのため,火星が春に接近する時,衝の位置はしし座,おとめ座,てんびん座に,夏に接近する時はさそり座,いて座,やぎ座に,秋に接近する時はみずがめ座,

図1-5　2018年2月,火星がさそり座の1等星「アンタレス」に近づいた.アンタレスは赤い星で「火星の敵」という意味がある.火星はこの時,ちょうど1等星の明るさだった.

うお座，おひつじ座に，冬に接近する時はおうし座，ふたご座，かに座で衝となる．それぞれの接近時の見えかた，東の空に昇ってくる時刻，南中時（真南に来るとき）の高さ，西に沈む時刻は，かなり変わってくる．

　地球と火星の距離が近く，火星がもっとも大きく見える「大接近」と呼ばれるのは，火星がその軌道上で太陽に最も近い位置（火星の近日点）にいるときに地球が追い抜く時だ．それはほぼ地球の8月末と決まっている．その時の火星はみずがめ座で衝となる．反対に「小接近」は火星がその軌道上で太陽から最も遠い位置（火星の遠日点）にいるときに地球が追い抜く時だ．それは地球の2月末，しし座で衝となる．実際には大接近，小接近といってもぴったり近日点，遠日点で起こるわけではない．地球と火星の会合周期の関係でひと月，だいたい星座1つ分くらいのずれが起こる．

　たとえば，2018年の大接近は7月31日に最接近となるが，その時は火星はやぎ座に入っている．その次の大接近は2033年10月6日にうお座で最接近となる．小接近は2027年は2月20日にしし座で最接近となる．その次は2042年2月5日で，やはりしし座だ．

　だいたい，大接近は夏，小接近は冬に起こり，中接近は春や秋ということがおわかりいただけたと思う．

　火星が接近する時の動きでもう1つ注目することは，衝や最接近の頃の

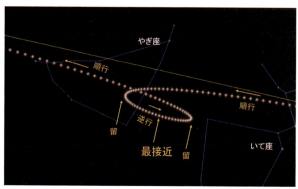

図1-6　2018年7月の地球と火星の接近（衝）の前後の火星の動き．順行から留，逆行，衝，そして最接近，留，再び順行，といった動きをする．ループ状に動くのは，地球と火星の軌道の傾きによるもの．（火星の軌道は(株)アストロアーツのステラナビゲータ10で作図）

火星は，星座上を西に動いている，ということだ．逆行というが，これもその動きがみるみる動いていく，ということはないが，近くの星を目印に見ていると，数日で動いているのがわかる．

　火星が夕方，南の空に見える時期は，衝をすぎてひと月以上経った頃のことだ．その時には望遠鏡で見ても一回り小さくなっているだろう．

　＜火星は大接近と小接近で明るさ，大きさが大きく変化する＞
　最接近の頃はかなり明るくなるが，大接近でマイナス3等近く，小接近ではマイナス1等と，2等級近い差がある．これは，大接近と小接近の際の地球への接近距離に違いがあるからだが，望遠鏡で見ると火星の大きさもかなり違う．望遠鏡での観察の場合は火星接近時の大きさは，視直径といって角度であらわされる．地球と火星との距離が一番大きくなる時が視直径も最大になる．最も近い大接近の時には，最大で25秒角になり，最も遠い小接近の時は13秒角位となる．中接近はその中間だ．

　望遠鏡は遠いものを近づけて見る，という性質がある．100 m 先にあるものを10倍なら10 m に，100倍なら1 m に近づけて見ることになるわけだ．天体望遠鏡も同じことで，100倍で月を見るということは，月との距離を1/100にした，ということになる．

　火星は，大接近の頃の火星と我々地球との距離がざっと6,000万 km．見かけの大きさは角度で20秒．それを100倍の望遠鏡で見ると見かけの

図1-7　2018年7月の大接近の時の火星（視直径25秒）と，2027年2月の小接近の時の火星（視直径13秒）いずれも（株）アストロアーツのステラナビゲータ10で表示したもの．（©StellaNavigator/AstroArts）

大きさは 2,000 秒，満月を肉眼で見ている感じである．月のウサギの模様が見てわかる程度には火星の模様も大ざっぱにはわかるだろう．しかし，出来るだけ詳細に，となると，月の大きなクレーターがわかる程度に火星の地形がわかるようにしたい場合，500 倍から 1,000 倍は必要になる．これは小さな望遠鏡では厳しい数字だ．

大きく見るためにただ倍率を上げればいいかというと，それに見合った

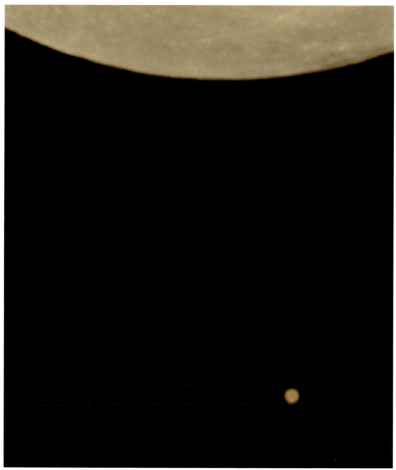

図 1-8　2003 年 9 月，月と火星が見かけ上約 4 分角まで接近．直径 30 分角の月と，直径 24 秒角の火星の 75：1 というリアルな大きさ比較ができた．

望遠鏡の口径と光学的精度が要求されるようになるし，像を乱れさせる地球大気の気流の流れの影響も大きくなる．

2. 火星の模様は火星の自転とともに移り変わっていく

　火星の模様は運河論争（2章3参照）があったように，とても小さな火星像の中の小さな淡い模様が対象であり，それらを正確に認識することはとても難しい．ことに我々が手に入れることのできる小口径の望遠鏡では，ローエルやアントニアジの残したスケッチのような細かい模様を見ることは難しいが，月面のうさぎのような大まかな模様や，極冠の大きさの変化を見ることは可能だ．また，火星の自転軸の傾きによって，小接近では北半球が良く見え，大接近では南半球が良く見えたりする．

　火星の1日は24時間37分．地球より約40分ほどゆっくり自転する．そのぶん，毎日同じ時刻に火星を見ると，同じ模様の位置が少し東方向に

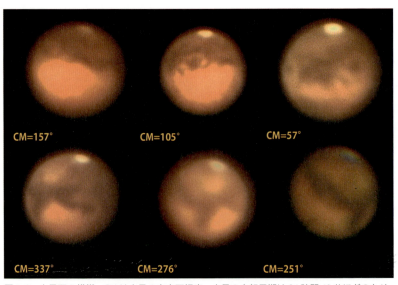

図1-9　火星面の模様．CMは火星の中央面経度．火星の自転周期は24時間40分ほどのため，自転にともない，火星面の模様が徐々に変化していく．

ずれて見えることになる．毎日同じ時刻に見続けていれば1日に経度で約9度分遅れて東にずれていき，40日後にほぼ同じ火星面を見ることになる．そのため，火星の模様を一通り見るにはひと月はかかることになる．

望遠鏡で見る際の火星面に何が見えているのかを知るには，火星を見る時刻の火星の中央経度（CM）と中央緯度を調べればわかる．これらは，天文年鑑などの年表，国立天文台暦計算室のホームページ，(株)アストロアーツのステラナビゲータ10などの天文ソフトであらかじめ調べることができる．天文ソフトは，現在や特定の日時での火星面がCGで直観的にわかるよう描かれる機能も持っている．

望遠鏡での観測による火星の模様や地形が記録された火星図は，地球の地図同様の図法で作られてきた．望遠鏡で見る火星面は探査機の火星地図よりは望遠鏡観測の時代のほうが見た目に近い．特に，アントニアジがスケッチした火星をもとに作成した火星図は見た目も美しく，望遠鏡で見る火星面と比較していくにはいいものだ．

ここでは，国立天文台暦計算室の暦象年表のホームページから惑星の自転軸のページで任意の時の地球から見た火星の表面の中央緯度，経度，火

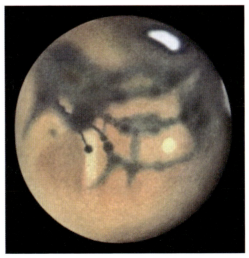

図1-10 フランス，パリのムードン天文台でアントニアジがスケッチした火星．彩色したもの．

星の黄道における太陽黄経などを調べることにする．

2018 年 7 月 31 日の火星

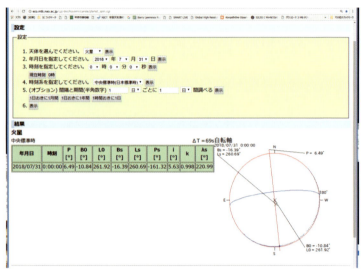

図 1-11　国立天文台暦計算室ホームページ

ご利用にあたって（天文台のホームページ記載の説明）
・P は地球から見た自転軸の向きで，自転軸の北側が天球の北より東に傾いているものを＋，西に傾いているものを－としています．
・B0, L0 は地球から見た惑星面の中点 X0 の惑星面緯度および惑星面経度です．
・Bs, Ls は太陽から見た惑星面の中点 Xs の惑星面緯度および惑星面経度です．
・Ps は地球から見た Xs の向きで，天球の北より東に傾いているものを＋，西に傾いているものを－としています．
・i は位相角，k は輝面率です．
・λs は惑星の黄道における太陽黄経です．

　ここにあげた全ての項目について理解する必要はなく，地球から見た時の火星の，中央緯度 B0，中央経度 L0, そして，太陽黄経 λs（Ls という項目名で使うことが多い）の 3 項目を知っておけばよい．
　（株）アストロアーツの天文シミュレーションソフト「ステラナビゲータ10」では，その日，その時の火星の位置，視直径，表面模様，地球から見た火星の表面の中央緯度，経度，火星の黄道における太陽黄経などの情報が得られる．また，火星の見たい地形，模様がいつ見られるか，を調べる

ことにも使える．さらに，火星が出ている方角，高度，火星の出，南中時刻なども調べることができる．

```
火星 Mars（惑星）

光度 -2.8 等　視直径 24.3" 輝面比 1.00        出 18:51 南中 23:34 没 04:21
赤経 20h27m04.3s    赤緯 -25° 53'51"（J2000）   地心距離 0.38497 au
赤経 20h28m11.5s    赤緯 -25° 50'02"（視位置）  測心距離 0.38501 au
赤経 20h24m04.4s    赤緯 -26° 03'46"（B1950）  日心距離 1.39727 au
黄経 303° 04'47"    黄緯 -06° 33'08"（平均位置）太陽離角 171.877° E
黄経 303° 04'54"    黄緯 -06° 33'04"（視位置）  公転周期 1.88 年
黄経 302° 49'12"    黄緯 -06° 33'01"（J2000）   軌道長半径 1.523653 au
銀経 17° 47'41"     銀緯 -31° 34'34"           離心率 0.093328
方位 5.677°    高度 28.686°                    中央経度 76°
時角 -11h41m19s（-175.331°）                   中央緯度 -11°
                                               惑心太陽黄経 221.1°
```

図 1-12　(株)アストロアーツのステラナビゲータ 10 で表示した　2018 年 7 月 31 日の火星
（©StellaNavigator/AstroArts）

3. 火星には地球に似た，四季の変化が見られる

　地球と火星には四季の季節変化が見られる．その理由は自転する軸，地軸が公転面に対し，同じような傾きを持っているからだ．地球の地軸は23.4度，火星は25.2度という傾きがある．したがって，地球にあるように火星にも，二至二分，春分，秋分，夏至，冬至が生まれる．火星の太陽黄経が0度にあたる点が春分の日になる．春分から90度ずつ回った点が夏至，秋分，冬至となる．

　それぞれ図13のように軌道上に地球と火星の二至二分の位置を入れてみると，大接近は火星の近日点付近で起こるので，地球は立秋から秋分にかけての時期に冬至前後の火星を見ることになる．小接近は火星の遠日点付近で起こるので，地球が立春から春分にかけての時期に，夏至前の火星を見ることになる．

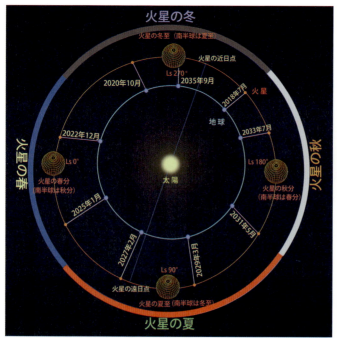

図1-13
火星の四季の軌道図．

つまり冬の火星（北半球は冬，南半球は夏）が見たければ，接近が8月から10月頃の時期に，夏の火星（北半球は夏，南半球は冬）が見たければ接近が3月から5月頃の時期，となり，四季の季節変化をみたければ，2年2か月ごとに接近する火星を観察し続けて最低15年はかかることになる．

<火星暦>
ここで，二至二分よりもう少し細かい地球の24節気からの四季（立春，立夏，立秋，立冬）をあてはめると，火星から見た太陽の黄経が0度にあたる点が火星の春分，45度が火星の立夏，90度が火星の夏至，135度が火星の立秋，180度が火星の秋分，225度が火星の立冬，270度が火星の冬至，315度が火星の立春，となる．この火星から見た火星軌道をもとにした黄道上の太陽黄経をλsあるいはLsで表す．

さらに火星の場合はそのだ円軌道により太陽との距離変化の影響が強いので，太陽に一番近づく近日点と遠ざかる遠日点も重要である．近日点での受熱量は遠日点の145%にもなる．火星の近日点は立冬と冬至の間，Ls = 251度，遠日点は立夏と夏至の間，Ls = 71度である．さらに火星

表1-2 火星の太陽との距離（日心距離）と季節の変化

火星の太陽黄経 Ls(°)	日心距離（天文単位）	日心距離（万km）	火星暦（北半球）	火星暦（南半球）	火星年（669sol）
0	1.56	23,337	春分	秋分	1sol
45	1.65	24,662	立夏	立冬	96sol
71	1.67	24,983	遠日点		131sol
90	1.66	24,833	夏至	冬至	194sol
135	1.48	22,100	立秋	立春	290sol
180	1.47	21,991	秋分	春分	371sol
225	1.39	20,851	立冬	立夏	445sol
251	1.38	20,645	近日点		466sol
270	1.39	20,794	冬至	夏至	515sol
315	1.45	21,700	立春	立秋	588sol

（火星の1日を1 sol という）

の公転速度が近日点付近は 26.5 km/秒，遠日点付近は 22 km/秒とかなり違うため，季節の日数もかなり違う．これらの要素を加えて火星の季節変化を見ていこう．

＜火星の四季の変化＞

火星は北半球と南半球では地球と同じような南北対称的な季節変化にならない．

火星の世界は火星の公転がだ円軌道のうえ，近日点は冬至点に近く，遠日点は夏至点に近いということから冬至の頃は陽射しは強く，夏至の頃は弱い．北半球は陽射しが冬強いが夏は弱く，南半球は逆に冬は弱く，夏は強いことになる．さらに火星は全体的に低温（全球の平均がマイナス43度）のうえ，大気が薄く（地球の150分の1）乾燥しているため，地球のような水の粒の雲は出ない（氷晶はある）が，夏至の頃の明け方に薄い雲か霧のようなものが朝日に白く輝いて見えることがある．こうした雲は成層圏のない火星では数十kmとかなりの高さまで達する．そのため，見た目に地平線から浮き上がって光って見えたりもする．

図1-14　北極冠の季節変化
1996年10月（左上）（Ls17°〜30°北半球の春分）
1997年1月（中）（Ls58°〜72°北半球の立夏）
1997年3月（右上）（Ls84°〜98°北半球の夏至）
（©NASA/STSci）

際立って季節変化が見られるのは，極冠の消長である．ここでは，日本の火星観測の第一人者，佐伯恒夫氏の著書「火星とその観測」(昭和52年版) 6. 極冠　から一部引用させていただく．

　一般的に見て極冠は冬に大きく，春から夏にかけて小さくなる．南極冠の場合，南半球の冬至の頃にその直径が最大となり，南緯45度近くに達する．南半球が春になるとしばらく厚い雲（白雲）に覆われる．春分をすぎて白雲が消える頃から極冠は急に溶け始め，同時に極冠を取りまく黒い帯が現れる．次いで極地一帯の暗色模様が緑色を帯びて濃くなる．この緑色の波は極冠の縮小に伴って，赤道へ向かって移動して行く．やがて南半球に夏至が訪れる頃には，南極冠は直径を20度にまで縮小してしまう．
　この頃から極冠内部に淡い線条が発生し，日を追って条は太く濃く発達し，ついには極冠の周辺部がこれらの線条によって数多くの白斑群に分裂させられ，これらが次々に溶け去り，極冠は次第に縮んでゆく．最後まで残った極冠は，真の南極から数度離れた地点を中心として白光を放ってい

図1-15　ハッブル宇宙望遠鏡が撮影した衝近辺の火星．南北極冠の消長がわかる．左上からLs55°(1995), Ls90°(1997), Ls130°(1999), Ls160°(2001), Ls240°(2003), Ls300°(2005)　(©NASA/STSci)

るが，夏の終わりには溶け去ってしまう．

　次に北極冠のほうは，やはり南極冠と同様に，春から夏にかけて溶けていくが，この間南極冠とは違って，北極を中心とした美しい円形を保ったまま縮小を続け，ついに夏が終わるころに，直径6度ほどの小斑点になって，そのまま秋を迎える．南北両極地はともに，それぞれの地域の秋分が訪れる頃，急に出現した厚い白雲に包まれてしまい，秋分直後になってこの密雲が去ると同時に，最後まで極冠が残っていた部分が真白く輝き始め，続いてあちこちに白色斑点が出現し，これらがわずか数日で連なりあって巨大な極冠が結成され，これが日に日に増大を続けつつ冬を迎える．

　火星の南極冠と北極冠とが交代で結成，溶解を繰り返しているという観測結果は，当時は火星世界の水が，北極から南極へ，さらに南極から北極へと半年ごとに大移動を行っていることを示していると考えられていたが，のちに述べる，火星大気の大循環が極から極への火星特有のタイプのものであることをも教えている．

4．火星の主な模様と地形

　火星を見ると，全体がオレンジ色に見え，その中に薄暗い模様の広がりと白い極冠が印象的である．これらの模様に月と同じように薄暗いものを海や湖，明るい広い領域を大陸や砂漠とした．

　その模様や地域は1888年にスキャパレリが分類し，それぞれの模様にギリシャ神話に出てくる神々や人物，ギリシャの地名，川，海の名前を付けた．今でもそれらが使われているが，運河論争などもあり，細かな模様や運河などは必ず見えるというものではないので，ここでは大まかな模様を説明するにとどめる．

　なお，望遠鏡観測の時代のスケッチとそれをもとに描かれた火星図は，上が南，下が北，左が東，右が西となっている．実際に望遠鏡で見るとこのように見えるので，観察する際にはわかり易いので，そのままの表示とした．

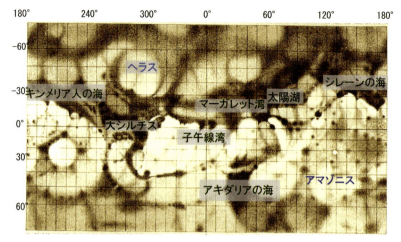

図1-16 アントニアジの火星図（1930年）

＜中央経度別の火星面＞

火星で最も有名な模様は大シルチスだ．普通，南を上にして見る天体望遠鏡では，逆三角の形に見える．その南（上）にまるく見えるヘラスも，目立つ．東に目を移すと，経度0度，子午線湾と呼ぶ独特の爪のような地形が東に延びている．その先がマーガレット湾，一つ目のように見える太

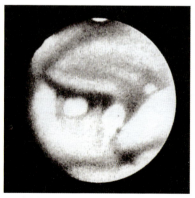

図1-17 中央経度357度
中央に2つの爪のような形の子午線湾が黒く見え，その右手にマーガレット湾，北（下）側にアキダリアの海が見える．

陽湖が並ぶ．北半球の模様は以外と目立たず，アキダリアの海，ユートピアといった暗い模様がわかりやすいところだ．

では，経度ごとに火星の目立つ模様や地形をアントニアジのスケッチと佐伯氏の解説をもとにみていくことにしよう．

■子午線湾，アキダリアの海　中央経度 30 度（経度 0 度から 60 度）

この地域で最も目立つのが北半球の北極冠から北半球の中緯度にかけて巨大な釣り鐘型の暗色模様がアキダリアの海である．南半球側にはろうと型のマーガレット湾，オーロラ湾がそれぞれ東西に並び，その南にはアルギューレと呼ぶ円形の大陸が見える．

子午線湾（アリンの爪）を火星の本初子午線が通っている．地球のイギリス，グリニッジを通る本初子午線にあたる．望遠鏡時代の火星の経度はこの子午線湾から西周りに 360 度振られている．

■太陽湖　中央経度 90 度

この地域で最も目立つのが，火星の目玉，と呼ばれる太陽湖だ．南半球の南緯 25 度付近の大きな丸い白目の真ん中に黒目のように見えている．赤道あたりは，タルシスと呼ばれる明るい褐色の平原がひろがる．

■シレーンの海　中央経度 150 度

火星面上で最も寂しい地域である．シレーンの海は南半球に，への字型

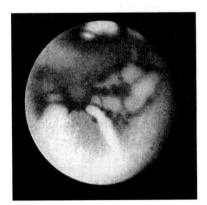

図 1-18　中央経度 76 度
太陽湖が中央右寄りに見える．

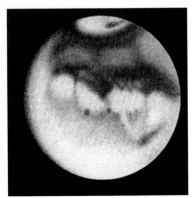

図 1-19　中央経度 168 度
シレーンの海

に横たわる暗い模様として見える．シレーンの海の北から赤道を超えて北半球までに広がるオレンジ色のアマゾンとアルカディアの平原は運河論争の舞台になったところであるが，ローエルのような直線状の模様は見えてこない．ただニクスオリンピカと呼ばれる地域は，白く見える地帯で，ニクス（雪原）が火星，いや，太陽系の最高峰オリンポス山にかかる雲を見ていることがわかってきた．

■キムメリア人の海　中央経度 210 度

南半球の中緯度から南に東西に広がる大きな濃い模様がキムメリア人の海とよぶ模様だ．北半球にはオレンジ色のアマゾンからつながるエリシウムの丸い大陸が見られる．

■大シルチス　中央経度　270 度

火星の中で最も大きくくっきりとした暗い模様で，だれでも見ればわかる逆三角形の形は火星で一番印象に残る名所だ．さらに大シルチスの南（上）には，オレンジ色のまんまるい，ヘラス大陸が広がっている．これも縁取りがくっきりしていて，大シルチスとで印象深い火星の模様になっている．さらに北半球にもユートピアと呼ぶ濃い模様が高緯度地域に伸びている．

■サバ人の海と子午線湾　中央経度 330 度

大シルチスから東に延びるサバ人の海と呼ぶ濃い模様の先が，子午線湾

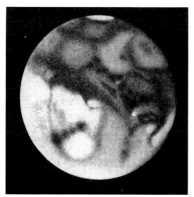

図 1-20　中央経度 231 度
キムメリア人の海

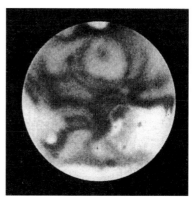

図 1-21　中央経度 292 度
大シルチスとヘラス大陸

である．20 cm クラスの望遠鏡で条件の良いときに見ると，子午線湾は先が二つに割れた爪のように見えるという．俗にアリュンのつめといい，このつめとつめの間が火星の経度の起点，すなわち 0 度となっているため，子午線湾と呼ばれるゆえんである．

　望遠鏡で見る火星は，写真，特に画像処理をほどこして模様をはっきりさせたものとは違い模様が淡く見える．さらに，地球の大気の気流や地上の風のせいで，火星はゆらゆらと揺れて見える．しかし，根気よく見続けていると，火星の模様が見やすくなる瞬間がある．その時には，スーと落ち着いて細かい模様が浮かび上がってくる．太陽が火星を照らす直下が明るく輝き，立体感を感じられるようになる．そういう時はじっくりと火星と対話する気分で，見続けるといい．火星を見る醍醐味が味わえる．

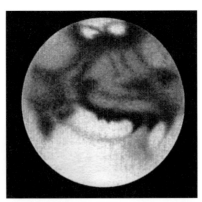

図 1-22　中央経度 322 度
サバ人の海と子午線湾

コラム

火星と地球 比較すると

(©NASA/STScI, ©JMA)

　火星の質量は地球の1/10，1年の長さは地球のほぼ2倍．1日の長さはほぼ同じ．火星と地球の平均表面温度には大きな違いがある．

　地球と火星の大気組成はかなり違う．火星は大気圧が非常に小さく，地球の約1/150．その大気はほぼ完全に二酸化炭素で，酸素の濃度は低い．地球の大気中の二酸化炭素は非常に低いが，酸素の濃度が高い．

	地球	火星
質量	5.98×10^{24} kg（1）	6.42×10^{23} kg（0.107）
直径	12,756 km	6,787 km
脱出速度	秒速 11.2 km	秒速 5 km
太陽からの平均距離	1 AU（1億4960万 km）	1.524 AU（2億2800万 km）
自転周期	23.93 時間	24.66 時間
公転周期	365.26 日	686.98 日
平均表面温度	286 K（13℃）	216 K（−57℃）
大気成分	78 % 窒素	3 % 窒素
	21 % 酸素	0.13 % 酸素
	1 % アルゴン	1.6 % アルゴン
	0.035 % 二酸化炭素	95 % 二酸化炭素
大気圧	1013 hPa	7 hPa

AU は天文単位．太陽－地球間の距離を単位としたもの．

第2章
望遠鏡での観測時代

　400年前，ガリレオが空に見える様々な天体に望遠鏡を向けて，その形，動きなどを発見しました．金星の満ち欠け，木星の衛星たちの動き，でこぼこした月の表面の様子などです．土星には耳がついている，といった表現もありましたが，彼の残した書物などからは総じて客観的な観察をしたことがわかります．ただ，火星については，観察はしたものの，発見，といえるようなことはなかったようです．

　明るいが小さく，模様のコントラストも低く，彼が使った望遠鏡では，円盤状の像を認めるのが精いっぱいだったのでしょう．それは多かれ少なかれ，その後の望遠鏡による観測結果を見ても同じようなことがいえます．ただし，当時の社会情勢や科学的な知識を物差しにして考えられた「火星」は，現代の我々にも少なからず影響を残しています．いったい，火星のなにが見えたのでしょうか．なぜこれほどまでに関心を引き付けるのか，気になるところでもあります．

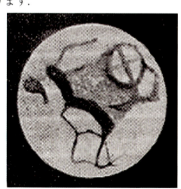

1. 望遠鏡で見たもの

＜ガリレオ＞

1609年，イタリアのガリレオ・ガリレイは，望遠鏡という道具を用いて天体を観測し，様々な発見をした．惑星については金星の満ち欠け，木星の衛星の動きが有名だ．

しかし火星については，口径が小さく，倍率の低いガリレイの望遠鏡では火星の模様を発見することはできなかったようだ．彼は地動説を支持したため宗教裁判

図2-1 ガリレオ・ガリレイ

にかけられ，自説の撤回を強要され，幽閉された．しかし，その後徐々に明らかになる新事実の前に，地動説はその地位を確かなものにしていった．

望遠鏡は惑星観測に新しい視点をもたらした．それまでは，肉眼で見られるもの，つまり惑星の位置の変化をどのように解釈し，説明するかとい

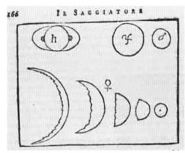

図2-2 ガリレオの惑星スケッチ
火星は右上すみの♂の印のもの

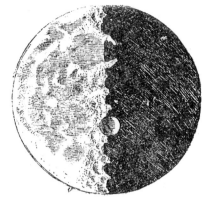

図2-3 ガリレオの月のスケッチ
半月の頃の月．クレーターや，海が薄黒く描かれている．

うことが天文学者の主たる仕事だったのが，その惑星の素顔がどのようなものかという点に目が向けられるようになった．

<ホイヘンス>

1659年にはオランダのホイヘンスが火星の暗色模様のスケッチをした．逆三角形をした模様は火星で最も目立つ模様で，おそらく我々が大シルチスと呼ぶ模様である．そしてその模様の回帰から自転周期を測定し，約24時間とした．彼は望遠鏡の接眼レンズをガリレオ以来使われてきた凹レンズから凸レンズにしたケプラー式にし，さらに彼は顕微鏡の制作の経験から，2枚の凸レンズを組み合わせた接眼鏡を発明した．それは今でもハイゲンと呼ばれる形式のものだ．これにより倒立像にはなるが，倍率を高く，視野も広い望遠鏡ができるようになった．

この頃望遠鏡は，大きなレンズを作り，さらに倍率を高くする試みがなされたが，最大の欠点は対物レンズが持つ色収差と球面収差のため，倍率を上げようとすると像がぼやけるということだった．その解決策は，色収差を悪化させずに倍率を2倍上げるためには，焦点距離を4倍にしなければならないとされた．焦点距離を長く伸ばすことによって筒を長くせざるを得なかったが，1656年ごろ，ホイヘンスは筒を使わない，いわゆる空

 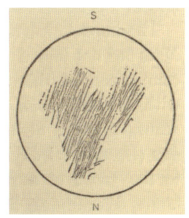

図2-4　クリスチャン・ホイヘンスと彼の火星スケッチ
クレーターや，海が薄黒く描かれている．

図 2-5 空気望遠鏡とホイヘンスの空中望遠鏡の原理図

気望遠鏡と呼ばれるものを作った．それは長さ 6.9 m，倍率 100 倍というもので長い柱の上に対物レンズを取り付け，観察者の手元に接眼レンズを置き，対物レンズと接眼レンズをワイヤーで繋いで一直線に並べて使った．さらにポーランドの天文学者ヨハネス・ヘヴェリウスは，口径 200 mm，46 m の焦点距離の天体望遠鏡を作っている．

<カッシーニ>

イタリア出身のフランスの天文学者カッシーニは火星の自転を 1666 年に 24 時間 40 分という，現在用いられる値にかなり近い数字をはじき出している．また，空気望遠鏡を使い土星の輪の構造や傾きの変化を記録したり，1684 年には土星の衛星ディオネとテティスを発見した．火星についても極冠や，それが自転軸に対し偏りをもつことなども，このころ発見されている．さらに火星面の模様が季節によって変化することが発見された．

<ハーシェル>

18 世紀に入ると色収差のない金属鏡を用いた反射望遠鏡がニュートンらによって発明された．反射望遠鏡にも鏡面の青銅製の金属表面が曇って反射率が落ちるため磨きなおしをしなくてはならないという欠点はあったが，焦点距離が口径の 10 倍から 15 倍と空気望遠鏡に比べはるかに短くて

図 2-6 ウイリアム・ハーシェルと口径 1.2 m の大反射望遠鏡. 筒先からのぞき込むようにして観測した.

すみ，口径の大きな大型の反射望遠鏡が観測の主流となっていった．その代表格がイギリスのウィリアム・ハーシェルだった．彼は 40 フィート大反射望遠鏡（口径 1.2 m）を筆頭に，主に 20 フィート反射望遠鏡を使い，火星の自転軸の傾きを 28 度 42 分と推定したり，火星による星の掩蔽という現象を利用して火星大気を観測し，それが極めて薄いものであるなどと述べた．また，火星の暗部は海洋であると考えた．

18 世紀も中ごろになると，レンズを使った屈折望遠鏡も色収差，球面収差を小さくする色消しレンズが発明された．

特に 19 世紀の初めにドイツの光学機器製作者，物理学者であるフラウンホーファーが 1812 年頃発明したフラウンホーファー型対物レンズはクラウン系凸レンズとフリント系凹レンズを組み合わせたものでアクロマート（色消し）と呼ばれ，以後，屈折望遠鏡に広く使われるようになった．

19 世紀中頃には大きな光学ガラスの製造技術とレンズ研磨技術が著しく進歩し，オルヴァン・クラーク父子らの天才的技術者が出現したため，20 世紀初めまでに屈折望遠鏡は口径 1 m クラスの大口径のものが世界各地に作られるようになった．

また，19 世紀になると，望遠鏡による火星の観測は模様の発見からそれらをまとめた火星の地図，火星図の作成がされるようになる．

2. 火星の地図作りの開始

＜最初の火星地図＞

1839年，ドイツの天文学者ヨハン・メデラーとヴィルヘルム・ビールは火星の最初の地図を作った．彼らは永続的に見られる特徴的な地形と思われるものを経緯度座標に組み込み，火星の座標系を確立したとされる．彼らが定めた火星の本初子午線は，今日でも使用されており，火星のメリディアニ・プラナム（子午線湾）地域にある．その後数年間，彼らはいくつかの火星の地図を作り，そこに描かれた，「ヘラス大陸」や「太陽湖（火星の目）」など，特徴の多くは今日でも見ることができる．

＜プロクターの火星図＞

1867年イギリスの天文学者，プロクターは，カッシーニ以来イギリスの火星観測者ドーズまでの観測を整理して火星の自転周期を24時間37分と算出し，さらに詳細な火星の地図を作成した．彼はカッシーニ，セッキなど火星の観測に貢献した過去と現在の天文学者の名前の後に様々な模様の特徴を命名した．暗い模様には海（sea, ocean）明るい模様には陸（land, conti），極冠には iceと名付けた．

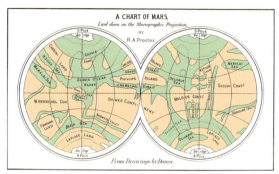

図2-7 リチャード・プロクターの最初の火星図
1867年のWR Dawesの図に基づき，1870年に出版された「Other Worlds than Ours」に掲載した．

＜2つの衛星を発見＞

1877年9月の大接近の際には，アメリカのワシントン海軍天文台のアサフ・ホールが口径65 cmの望遠鏡で小さな2つの衛星を発見し，フォボス（Phobos），ダイモス（Deimos）と名付けた．フォボスの直径は約22 km，ダイモスの直径は約12 km．2つの衛星のうち，フォボスは，軌道の長半径9,377 km，ダイモスは長半径23,460 kmの衛星軌道を高速で周回している．フォボスは7時間で周回し，ダイモスはより長い軌道をたどり，30時間で軌道を周回している．

図2-8 火星の衛星，フォボス，ダイモス

3. 運河論争ぼっ発！

＜スキャパレリが運河を見た？＞

同じ時期イタリア，ミラノ天文台の台長ジョヴァンニ・スキャパレリは火星観測の結果，たくさんのスジ状の模様を発見したと発表した．これが有名な火星運河論争につながっていく．

スキャパレリは，口径21 cmの屈折望遠鏡で火星面上の模様の位置測定観測を行った．その中で，新たに発見した火星面上に縦横に張り巡らされたスジ状模様に，Canali（カナリ，イタリア語でスジあるいは水路）と

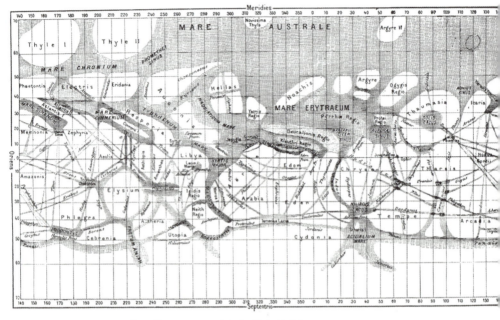

図 2-9　スキャパレリが 1883 〜 1884 年に作成した火星図

図 2-10　ジョバンニ・スキャパレリとスキャパレリが使用した 22 cm 屈折望遠鏡（ブレラ天文台）

名付けた．1879 年と 1881 年の観測を合わせ，カナリは直線状で，火星全体を網の目のように包み，まるで海と海とをつなぐ運河のように見えること，さらにいくつかのカナリが 2 つのスジに分かれたことを発見した．

スキャパレリが発表した論文はその後，フランスのフラマリオンによってフランス語の運河（Canal）と訳され，さらに英語の運河（Canal）と訳されて伝わってしまったため，スキャパレリが火星に運河を発見した，と広まってしまった．

スキャパレリが作成した火星図は，それまでのものと異なり，火星面経度の始まりを，当時ドーズの鉤（かぎ）と呼ばれていたところに決め，そこを子午線湾と名付けた．そして経度を火星上の西回りの方向に数えるようにした．これは火星探査機が作成している火星図でも採用している決め事となった．さらにプロクターが提唱し，火星の模様につけられていた火星研究者の名前をやめ，ギリシャ神話の世界に登場する地名，海，川などのラテン名にかえてしまった．しかしこれが好評でいまだに使われている．

＜ローエルとアントニアジの論争＞

1890 年以後，スキャパレリの発表から火星への関心が非常に高まり，一般の人たちへの興味関心へとつながっていった．おりしも大型化した屈折望遠鏡とともに，反射鏡がこれまでの金属鏡からガラスに銀メッキを施した鏡が作れるようになり，アマチュアでも観測機材を手に入れることが以前よりたやすくなったことで火星観測熱が広まっていった．

アメリカではボストンの富豪，パーシバル・ローエルがフラマリオンの著書『La Planete Mars』を読んで火星に興味を持ち，さらに運河への関心から火星に高等な生命の存在を信じるようになる．それを確かめるため，ローエルは，ダグラス，スライファー兄弟，トンボーら火星観測者を集めてアリゾナのフラグスタッフに口径 61 cm の屈折望遠鏡を建設し，私設のローエル天文台を設立した．そして，火星観測に没頭し，多くの線形模様のある火星図を作り上げた．ローエルは 1892 年からの観測記録から 1903 年に「Mars as the Abode of Life」を，1906 年には「Mars and its Canal」を発表した．その中で「これら線状のものは運河で，火星の

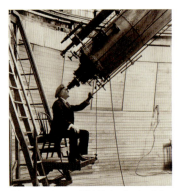

図 2-11　61 cm 望遠鏡とパーシバル・ローエル

図 2-12　ローエル天文台

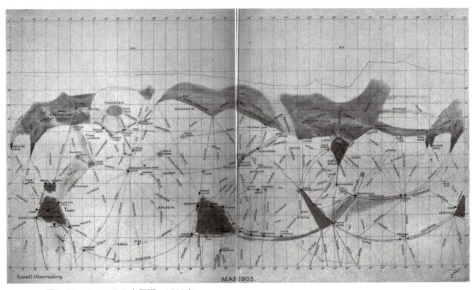

図 2-13　ローエルの火星図　1905 年

知的生命体が，極冠が溶けて出来た水を火星全土に送るために作ったものである．」と主張した．さらに運河とその交点にあるオアシスは火星人が建設したポンプがあって，水量をコントロールしているものに違いない，と火星人の存在を主張した．

　一方，ギリシャの天文学者ウジェーヌ・アントニアジは1909年からフランス，パリのムードン天文台の口径83 cmの屈折望遠鏡で観測し，火星面上に多くの点状の模様の連なりを認めたが，運河のようなスジ状の模様はない，と反論した．さらにウイルソン山天文台の口径2.5 mの反射望遠鏡での観測からも運河はない，という結論だった．

　しかし「見える」「見えない」の議論では，なかなかどちらも「証明」することは困難である．

＜アントニアジの火星図＞

　論争は論争として，火星の地形模様についてはアントニアジによってひとつの集大成を見た．1929年までの観測記録を整理した1930年に発刊の『La Planete Mars』だ．

　この時代，天文学の歴史の中では，写真技術の応用が大きな役割を果たしてきている．火星観測にも，色フィルターなどを用いた写真観測が行なわれた．が，感度の低い当時の写真乾板では，高倍率を要する惑星観測には決定的な役割を持ちえなかった．

　また，分光器を用い，光の波長からそこに含まれる物質を割り出そうという試みもなされた．大気に酸素と水蒸気を検出しようという試みがなされるが，なかなか見つからず，1947年にアメリカ，テキサス州に建設されたマクドナルド天文台のカイパーが口径208 cmの大望遠鏡に分光器を取り付けて火星大気の組成を研究した．そこでは二酸化炭素を検出したが，その組成比を求めるまでには至らなかった．

　徐々に火星の環境が地球とは異なることが明らかになってくると，知的生命の存在は考えられなくなっていった．暗部が何かという議論についても，水という考えに対し，植物とする考えが一般的で，その色合いを測定する試みがなされた．

これらに決定的な答えが突きつけられるのは，20世紀後半，探査機による接近探査が行なわれてからだった．

図2-14 ウジェーヌ・アントニアジ

図2-15 パリ，ムードン天文台 83 cm屈折望遠鏡

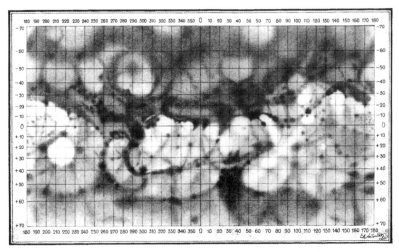
図2-16 アントニアジが1929年に作成した火星図

図2-17 アントニアジによる La Planete Mars

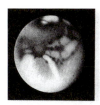
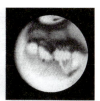
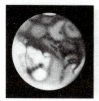

図2-18 アントニアジの火星スケッチ

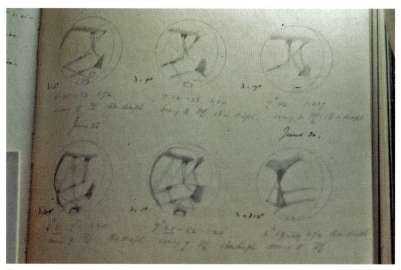

図2-19 ローエルの火星スケッチ

第2章 望遠鏡での観測時代　37

> コラム

火星人の襲来した夜——アスピリン・エイジ（1949年）より

1938年10月30日，パニック事件ものの1つにまちがいなくあげられる事件がアメリカで，日曜日の夜に起こった．オーソン・ウェルズが，例の「火星人来襲」をCBSラジオで演じた時のことである．ウェルズ率いるマーキュリー放送劇団が毎週行う放送番組で，ラジオ放送は午後8時に始まった．

(H.A.Correia 1906)

ウェルズはこの日も例によって小説を脚色したものを放送した．H.G.ウェルズ原作の「宇宙戦争」である．劇が始まった直後，いきなりアナウンサーの声で，臨時ニュースに変わった．それは，火星の表面に大爆発が起きたのが観測された，ということだった．続いて，ニュージャージーに大いん石が落下して大勢の死者が出た．ところが，いん石と思われた落下物は金属製の円筒で，その中から現れたのは，火星人だった．殺人光線を発射しながら人類に戦いを挑んできた，というのだ．この時点で放送劇とは思わずに聞きこんでいた人たちが慌てだした．

ニュージャージーの隕石の落下地点と思われる地帯には大勢の興奮した群衆が集まった．話はさらに飛躍していき，劇団員が大統領の声色を使って，市民にニューヨークから立ち退くよう勧告したことから，警察署にどこに逃げたらいいのか，と駆け込む騒ぎを起こしたりした．

騒ぎは全米に広がり，CBSは前後4回にわたり，「これは放送劇である」とアナウンスを入れ，さらに劇終了後も，夜中まで作り話であることを放送し続けなければならなかったという．

この事件は，ラジオというメディアが及ぼす影響を社会が実体験したこととして，その後も語り継がれ，心理学など学問の領域でも研究対象となっていった．事件後の市民の反応は，「作り話と知っても，いつ何時，金属製の円盤が地球に降り立って，恐ろしい殺人光線を持った動物が現れるかもしれない，という恐怖心をいだいた」という新聞に載った論文に表れている．

実は，火星探査を進める動機のひとつに，いまだにこのような恐いもの見たさの心理が働いているのかも知れない．

第3章
火星の地史

　火星とはどんな星か，本当に生物はいるのだろうか

　火星の探査機による調査は，地上からの研究で問題となってきた水の存在確認や生命が生きていく環境が存在するのか，その痕跡は今もどこかにないのだろうか，過去にはあったのか，など様々な関心に答えようとしてきました．

　火星を周回する探査機による高解像の画像データや，着陸機による地層の調査や岩石の直接分析により，火星が誕生した直後の火星環境が明らかになってきています．約43〜40億年前の火星には中性から塩基性の水をたたえた海や大きな湖があって，その中で玄武岩から粘土鉱物や炭酸塩岩が形成されたと考えられています．その後，約40〜32億年前には，火星の一部地域に存在した強酸性の海水が蒸発して残った，硫酸塩岩やケイ酸塩水和物の存在で特徴付けられる，酸化的かつ乾燥した環境に変化してきました．これ以降の時代では，液体の水は姿を消し，火星上の地形や堆積物の形成において水は主役ではなくなりました．

　火星は太陽系の8つの惑星の中で地球によく似た惑星であるとされます．その火星はどんな惑星なのか，まずは誕生から順にその歴史を見ていきます．

(©NASA/JPL)

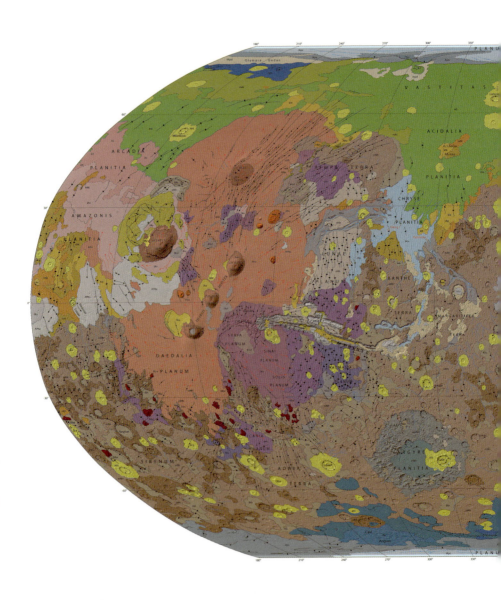

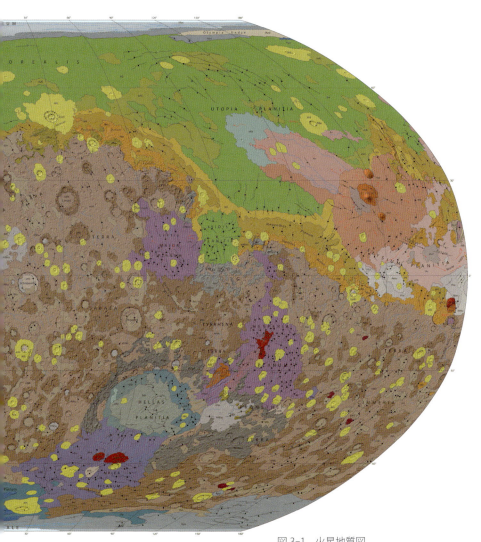

図 3-1　火星地質図
Geologic Map of Mars
(© 米国地質調査所（USGS）2014)

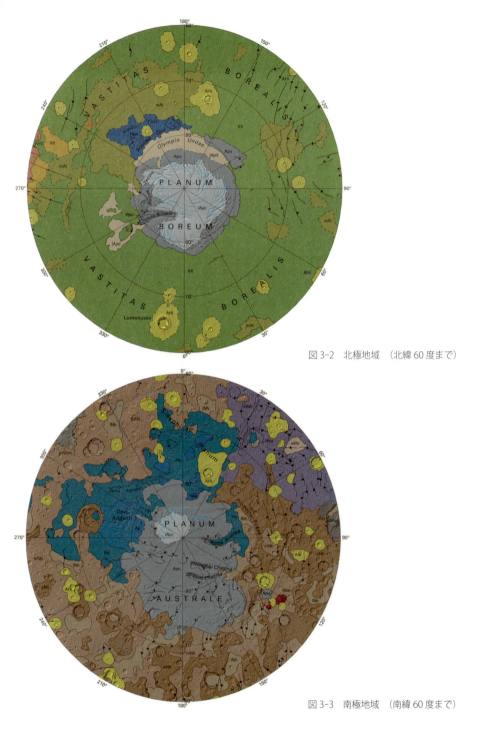

図 3-2 北極地域 (北緯 60 度まで)

図 3-3 南極地域 (南緯 60 度まで)

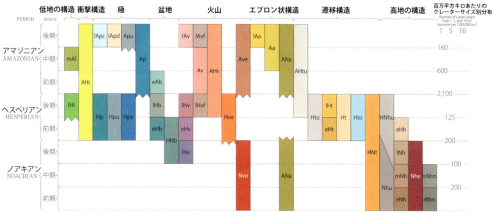

図 3-4 地質図中の構造単位との相関図

低地構造			火山構造			遷移構造	
mAl	mAl	中期アマゾニアン低地構造	lAv	lAv	後期アマゾニアン火山構造	Htu	Htu	ヘスペリアン未分割遷移構造
lHl	lHl	後期ヘスペリアン低地構造	lAvf	lAvf	後期アマゾニアン火山フィールド構造	lHt	lHt	後期ヘスペリアン遷移構造
衝撃構造			Av	Av	アマゾニアン火山構造	eHt	eHt	前期ヘスペリアン遷移構造
AHi	AHi	アマゾニアン・ヘスペリアン衝撃構造	AHv	AHv	アマゾニアン・ヘスペリアン火山構造	Ht	Ht	ヘスペリアン遷移構造
極地構造			lHv	lHv	後期ヘスペリアン火山構造	Hto	Hto	ヘスペリアン遷移洪水構造
lApc	lApc	後期アマゾニアン極地構造	lHvf	lHvf	後期ヘスペリアン火山フィールド構造	HNt	HNt	ヘスペリアン・ノアキアン遷移構造
lApd	lApd	後期アマゾニアン極地砂丘構造	eHv	eHv	前期ヘスペリアン火山構造	高地構造		
Apu	Apu	アマゾニアン極地未分化構造	lNv	lNv	後期ノアキアン火山構造	HNhu	HNhu	ヘスペリアン・ノアキアン高地未分割構造
Ap	Ap	アマゾニアン極地構造	Ave	Ave	アマゾニアン火山地形	Nhu	Nhu	ノアキアン高地未分割構造
Hp	Hp	ヘスペリアン極地構造	Hve	Hve	ヘスペリアン火山地形	eHh	eHh	前期ヘスペリアン高地構造
Hpu	Hpu	ヘスペリアン極地未分化構造	Nve	Nve	ノアキアン火山地形	lNh	lNh	後期ノアキアン高地構造
Hpe	Hpe	ヘスペリアン極地構成単位	エプロン状構造			mNh	mNh	中期ノアキアン高地構造
盆地構造			lAa	lAa	後期アマゾニアンエプロン状構造	eNh	eNh	前期ノアキアン高地構造
eAb	eAb	前期アマゾニアン盆地構造	Aa	Aa	アマゾニアンエプロン状構造	Nhe	Nhe	ノアキアン高地構造
lHb	lHb	後期ヘスペリアン盆地構造	ANa	ANa	アマゾニアン・ノアキアンエプロン状構造	mNhm	mNhm	中期ノアキアン大規模高地構造
eHb	eHb	前期ヘスペリアン盆地構造	AHtu	AHtu	アマゾニアン・ヘスペリアン未分割遷移構造	eNhm	eNhm	前期ノアキアン大規模高地構造
HNb	HNb	ヘスペリアン・ノアキアン盆地構造						

図 3-5 地質図中のラベルの説明図

Tanaka, K.L., Skinner, J.A., Jr., Dohm J.M., Irwin, R.P., III, Kolb, E.J., Fortezzo, C.M., Platz, T., Michael, G.G., and Hare, T.M., 2014, Geologic map of Mars: U.S. Geological Survey

1. 火星の地質図

　米国地質調査所作成の火星の地質図（図3-1）をご覧いただきたい．この地質図は，1978年のマリナー9号以後，1986～87年のバイキング1,2号による地質図に続き，16年をかけてマーズ・グローバル・サーベイヤー，マーズオデッセイ，マーズ・エクスプレス，マーズ・リコネッサンスオービターによる地表の鉱物の種類から大気中の水蒸気の量，浅い地下の構造まで，あらゆるものを検出することができる多数の異なるセンサーを用いて作られたものだ．それまでの地質図と大きく異なる点は，40億年以前の領域が3倍に増えたこと，地質学的には最近まで火山活動があったことを裏付け，液体の水が表面に存在していた証拠を表示している．

　地質図の見方を大まかに説明すると，前ページの図3-4のように地質時代順に低地構造，火山構造など7つの地質構造に大きく括られ色分けされた地形区分がされている．さらにこれには，時代区分がされている．例えば「高地構造」はノアキアン中心，「低地構造」はヘスペリアン，「火山」はヘスペリアン以降に大規模な活動が集中していること，「衝撃構造」はヘスペリアンからアマゾニアンへと全球的な広がりがみられることがわかる．

　図3-1の地質図中の黒い線，青い線，赤い線に注目すると，黒線は断層，褶曲など地質構造を物語る構造線であり，タルシス，エリシウムやヘラスといった火山地形に見られる．青い線は河川地形,赤い線は溶岩流などだ．色分けによって地形の時代区分がされている，それも明るい色ほど新しいイメージがあり，興味が増すデザインとなっていることも親しみやすい．

Contact	古い地層と新しい地層の境目を識別する	Outflow channel	洪水河川地形
Wrinkle ridge	曲がりくねったしわ状の隆起	Yardangs	直線あるいは曲線状で平行の風食地形
Graben	直線状あるいは曲がった地溝構造	Pit-crater chain	直線あるいは曲線状に並んだピット状火口列，谷や地溝に沿って列をなす
Channel	曲がった谷，樹状の河川の川床	Rill	狭く曲がった火山性の浸食による谷
Scarp	曲がったりギザギザした構造状あるいは火山性のがけ，崩壊地形	Caldera rim	火山性の崩壊か噴火による陥没地形
Lobate flow	火山性の溶岩流	Landing sites	火星に着陸した探査機の着陸地点
Crater rim	クレーターの縁の地形	Ridge	シンプルな形の浸食性または火山性のしわ構造
Spiral trough	風と日射による渦巻き状の谷，断層面		

図3-6　地質図中のマークの説明図（実際の地形は口絵8～19を参照）

2. 火星の誕生

　火星の誕生は46億年前，太陽系の誕生にまでさかのぼる．
　収縮を始めた原始太陽系星雲の中心に原始の太陽が生まれた．その周りをまわる，ガスとチリを含んだ降着円盤と呼ばれる，回転運動で円盤状に扁平になった原始惑星星雲の中で，火星を含む惑星の形成が始まった．ここでは京都モデルと呼ばれる太陽系形成論を紹介する．

＜太陽系形成の標準シナリオ＞
　太陽系形成の標準シナリオは次の2つの概念を基本としている．
・円盤仮説
　惑星系は太陽に比較して小質量のガスとダストからなる太陽の周りの回転する原始惑星系円盤から形成される．
・微惑星仮説
　ダストから微惑星とよばれる小天体が形成される．それを材料にして固体惑星が形成される．ガス惑星は固体惑星がガスを捕獲することによって形成される．
　図3-8に原始太陽系円盤からの太陽系形成の概念図を示す．次にこの順に沿って惑星形成について説明しよう．

＜惑星の形成過程＞
■原始太陽系円盤の形成
　太陽が生まれる原始太陽系星雲から，原始太陽のまわりにガスとダストからなる原始太陽系円盤が形成される．円盤の総質量は太陽質量の約1％で，さらにその中の約1％がダストである．ダストはμmサイズである．太陽に近い場所（太陽地球間の約3倍のあたりまで）の内側ではダストの主成分は岩石・金属になり，外側では氷になる．
■微惑星の形成
　ダストは太陽の周りを回転しながらだんだん円盤の中心面に落下集積

図 3-7　原始太陽系円盤　ガスとチリの円盤がゆっくりと回転しながら微惑星を成長させていく．（©NASA/JPL-Caltech）

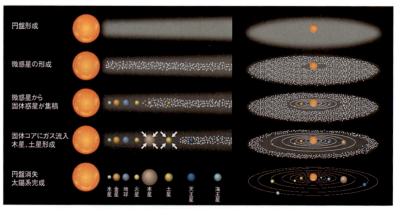

図 3-8　太陽系形成の標準モデル（京都モデル）．京都モデルは太陽系の形成に関する古典的標準理論．1970 年代～1980 年代に，林忠四郎博士を中心とした京都大学の研究グループによって，その基本的なシナリオが構築された惑星形成理論．

出典：理科年表オフィシャルサイト（国立天文台・丸善出版）

し，ダスト層が形成される．やがてダスト層は重力的に不安定になり分裂，収縮して直径数 km の微惑星が大量に形成される．

■原始惑星の形成

微惑星は太陽のまわりを公転しながら衝突合体して成長する．大きな微惑星ほど強い重力で周囲の微惑星を集めて速く成長する．これを「暴走的成長」と呼び，直径 1,000 km くらいの月から火星程度の原始惑星が形成される．原始惑星はある程度大きくなると成長が鈍り，原始惑星同士，互いの重力で一定の間隔を保ちながら成長する．

■惑星の形成

太陽に近い領域では，原始惑星どうしの衝突によって地球型惑星が形成される．太陽から離れた領域では，巨大化した原始惑星がガスをまとうことによって木星型惑星となり，さらに遠い領域では氷惑星の天王星や海王星が形成される．

太陽系の惑星が現在のような姿と配置になったのは，形成が始まって，数億年経った頃と考えられている．

こうして火星も第 4 惑星として地球の外側をまわる位置に生まれた．ただ，地球型惑星の中では一番内側を回る水星に次いで小さな惑星である．本来ならば原始太陽の重力の影響は地球より弱いため，地球と同程度かそれ以上のサイズになってもいいはずである．火星がなぜこのような小さな惑星になったのかは，火星の外側にある巨大惑星，木星の影響によるものとされる．

<火星の進化史>

では，現在の火星について，火星の姿，火星の進化史を俯瞰してみよう．

火星は約 43 〜 40 億年前に暖かく湿った環境があり，地表面において水との相互作用があったことは確実視されている．海が存在し温暖な気候がある期間維持された時期があった．

北半球に地表の 2 割ほどを覆う，最大で 1.6 km の深さの海があったとも考えられている．火山活動も継続している．峡谷や幾筋もの川の流れた

痕や，南極，北極には氷床がある．大気に覆われ，四季があること，風，水，氷による浸食などの風化も受けてきた．さらに地表に現れている岩石，鉱物の分布は地域的に不均一であり，火山性の岩石，水成岩も見つかっている．火星の内部は表面を覆う地殻と呼ぶ岩石の層があり，その内側はマントル層と金属鉄を主とした中心核がある．地球とよく似た天体といえる．しかし，惑星として比較すると，大きさ，質量とそれに伴う重力の違いから起こる大気を引き留める力，内部のテクトニクスとその運動を維持する熱源，太陽からの距離や軌道の違い，衛星との相互作用，隕石衝突でできた月のようなクレーターが数多く見られるなど，異なることも多い．火星の姿はそうした異なる事情から起きてきた要素を理解して，地球とは全く異なる惑星として，火星の歩んできた道筋を理解する必要がある．

図 3-9　太陽系の惑星

＜火星の表層＞

　現在の火星の表面を地上の望遠鏡やハッブル宇宙望遠鏡が撮影した写真で見ると，オレンジ色をした模様と薄黒い模様の地形が見える．火星には海がないので表面の地形全体が見えていることになるが，その模様はアントニアジが残したスケッチに見るようにオレンジ色をした部分は北半球に広がって見え，暗い模様は南半球に広がって見える．これらは火星表面の地質学的な違いによって起こるのだろうか？　それとも細かい砂，あるいはチリが覆っている部分がオレンジに，むき出しになっているところが暗く見えているのだろうか？　一方，火星の軌道上を周回する探査機が調査した火星面を見ると，たくさんのクレーターが見られる南半球と，あまり多くない北半球の違いがわかる．まるで月の「海」と呼ぶクレーターが少ない黒っぽい地形とクレーターがたくさん見られる高地の地形を見ているようだ．月の場合は海が黒いのは玄武岩質の溶岩が満たした比較的新しい地形であり，クレーターが多く見られる高地は白っぽい斜長石からなる古い地殻が見られる．火星の場合も月のような形成がされたとすれば，北半球と南半球もまた形成年代が異なっていると考えられる．

　そこで火星の形成に月の形成と同様の「衝突クレーターの数が多い表面ほど古く，少ない表面ほど新しい」という畳重の法則から年代を推定するクレーター年代学があてはめられた．

図 3-10　ハッブル宇宙望遠鏡が撮影した火星．オレンジ色に見える北半球部分と，黒く見える南半球．
火星の場合，明暗で月のような高地と低地に区別はできない．東西の周辺部で白く見えているのは，雲である．（©NASA/STScI）

第 3 章　火星の地史

3. 火星の地史

<火星のクレーター年代学>

アメリカ地質調査所では,火星の地質学的年代について,火星表面100万 km² あたりの直径1 km 以上の衝突クレーター数をクレーター密度とよび,クレーター密度から年代を3つに区分している.古いほうから順にクレーター密度4,800以上のノアキス代（ノアキアン）,4,800〜1,600のヘスペリア代（ヘスペリアン）,1,600以下のアマゾン代（アマゾニアン）と名付けた.それぞれの名称はその時代の地表が最もよく露出している地域にちなんで名づけられている.

ノアキアンは南半球のクレーター高地ができた時代,ヘスペリアンは活発化した火山活動によってクレーター高地の一部を溶岩が覆った時代,アマゾニアンはオリンポス山やタルシスの盾状火山ができた時代から現在までだ.ただし月の岩石は地球に持ち帰って放射性同位元素により絶対年代が測定されているので,月の岩石の年代と採集地域のクレーター密度との関係に対応がついているが,火星の岩石はまだ持ち帰られていないので,地表面が何億年前にできたかという絶対年代はわかっていない.わかっているのは,できた順番だけだが,月と火星で衝突した天体の数と大きさが

表 3-1　月のクレーター年代学を基にした火星の年代区分

地質年代区分	絶対年代（推定）	100万 km² 中のクレーター 直径別推定値		
		1〜5 km	5〜16 km	16 km 以上
ノアキアン前期	45億年前〜39億年			200+
ノアキアン中期	39億年〜38億年		400+	100〜200
ノアキアン後期	38億年〜37億年	750〜1200	200〜400 125〜200	25〜100
ヘスペリアン前期	37億年〜36億年	400〜700 150〜400	67〜125	<25
ヘスペリアン後期	36億年〜30億年	40〜150	25〜67	
アマゾニアン前期	30億年〜17億年	<40	<25	
アマゾニアン中期	17億年〜4億年			
アマゾニアン後期	4億年〜現在			

時間とともに同じように減少したと仮定すると，およその年代がわかる．火星では古い順にノアキアン，ヘスペリアン，アマゾニアン，という3つの代で括り，ノアキアンとヘスペリアンの境界年代は38〜37億年前，ヘスペリアンとアマゾニアン境界はおおよそ30億年前と推計されている．

アマゾニアンは30億年前から現在までである．さらにノアキアンとアマゾニアンは3期，ヘスペリアンは2期に分けて考えられている．

大まかには玄武岩質な岩石で覆われている南半球の南部高地はノアキアン，北半球と南半球の変質した玄武岩堆積物で覆われていると考えられる境界部分は，ノアキアン後期からヘスペリアン，北半球に広がる平原はヘスペリアン，北半球の低地の一部とタルシス，エリシウムの火山性地形はほとんどが，アマゾニアンに分類される．

<ノアキアン（45.5億年前から37億年前）>

火星の形成は原始太陽系星雲の中から微惑星が衝突融合して月程度のサイズに大きくなり，それらが衝突合体をし，軌道上で孤立化した原始惑星となった時から始まる．その後も軌道が交差する原始惑星の衝突合体が進み，表面が融解，マグマオーシャンとなる中から鉄などの重い元素が中心に沈み，核となる．沈み込みの際，位置エネルギーが熱に代わり，核は液状化していっただろう．そのまわりをマントルを構成するケイ酸塩を主体

図3-11 古代の火星．厚い大気が温暖な気候を作っていたとされるノアキアン（40億年前）時代の火星の想像図．（©NASA）

第3章 火星の地史 51

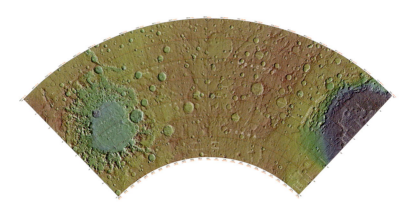

図 3-12 ノアキアン期の地質構造を代表する，ノアキス地方 （©USGS）

表 3-2 火星の地質年代の主な出来事 （©Emily Lakdawalla/The Planetary Society）

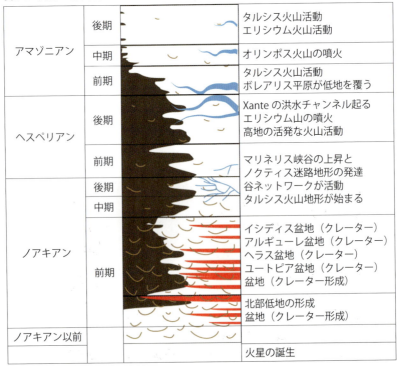

アマゾニアン	後期	タルシス火山活動 エリシウム火山活動
	中期	オリンポス火山の噴火
	前期	タルシス火山活動 ボレアリス平原が低地を覆う
ヘスペリアン	後期	Xante の洪水チャンネル起る エリシウム山の噴火 高地の活発な火山活動
	前期	マリネリス峡谷の上昇と ノクティス迷路地形の発達
ノアキアン	後期	谷ネットワークが活動
	中期	タルシス火山地形が始まる
	前期	イシディス盆地（クレーター） アルギューレ盆地（クレーター） ヘラス盆地（クレーター） ユートピア盆地（クレーター） 盆地（クレーター形成） 北部低地の形成 盆地（クレーター形成）
ノアキアン以前		
		火星の誕生

■ 火山　■ 洪水　■ 巨大盆地　⌣ クレーター

とするかんらん石が取り巻き，さらに軽く高温で結晶化する酸化アルミニウム，酸化カルシウムなどの酸化物が原始の地殻を構成する原始火星が誕生した．その後も大きな，大量の隕石がふりそそぎ表層には多くの巨大クレーターが作られた．ヘラス盆地は直径 2,300 km にも及ぶ火星最大の巨大クレーターだ．この他にも直径 1,900 km のイシディス盆地，直径 1,200 km のアルギュレ盆地などが形成された．火星の北半球が相対的に低地であることを，この時期に衝突した月程度の原始惑星によってえぐられたと考える科学者もいる．

　火星の中心部では鉄が溶けて液体となった核は対流運動を起こしたと考えられる．電気伝導率の高い金属鉄が対流をすることで電流が生じ，この電流がもとで磁場を作りだす．この「ダイナモ作用」により，火星にも地球のような惑星磁場が生まれた．それも現在の地球磁場の 10 倍もあった．

　核の対流により惑星磁場が生まれ，さらに火山活動が始まると，火山から放出される水蒸気，二酸化炭素など火山ガスが密度の高い大気，温暖な気候を作りだした．おそらくは 0.5 気圧以上あっただろうという．水が液体でいられる温暖な気候で地表には水が広範囲に存在し，海を形成した．南部の高地には川の流れによる谷ネットワークが作られた．水は中性またはアルカリ性の水質で，玄武岩の風化作用によるフィロケイ酸塩鉱物のよ

図 3-13　火星隕石 ALH84001
41 億年前に火星で形成され，1 万 3 千年前に南極に落下したとされる．多くの火星隕石（SNC）は 13 億年以降であることから，火星の形成史を知るためにも貴重な隕石である．（©NASA）

図 3-14　ALH84001 の隕石中の炭酸塩粒子状に見られる直線状の構造をした磁鉄鉱の結晶．地球に存在するバクテリアが体内で生成するものと酷似しているが，無生物的なプロセスでも同様の構造が可能なことがわかり，生物由来の痕跡かどうか，結論は出ていない．（©NASA）

うな粘土鉱物の堆積が顕著だったろうと考えられる．この時期が火星生命の存在の可能性が最も高い時期と考えられている．

　論争の的になっている火星の隕石 ALH 84001 中の微化石様のものが本当に生物由来であるとすれば，この時代に微生物が存在していたことになる．

　ノアキアン後期の 40 〜 38 億年前に，太陽系後期重爆撃期と呼ばれる小惑星や彗星の猛烈な衝突が起き，海のない南半球に再びたくさんのクレーターを作った．月のクレーターも多くがこの時期に出来ている．大規模な隕石の衝突は水や二酸化炭素などの物質を火星にもたらした一方で，火星の大気を宇宙空間に吹き飛ばしたと考える科学者もいる．この時期に約 650 万 km^2 に及ぶ巨大で，周辺から約 10 km もの高さの高原状のタルシス地域の形成が始まった．

　ノアキアン後期には火星の核は冷えはじめて対流運動が止まり，磁場はダイナモ作用の停止とともに消滅した．以後，磁力線のバリヤーを失った火星の大気は太陽風にさらされるようになり，徐々にはぎとられ，寒冷化していったと考えられる．

<ヘスペリアン（37 億年前から 30 億年前）>
　後期重爆撃期の隕石衝突の頻度は下がった．火山活動が活発化し北部の平原など火星表面の 1/4 にあたる面積を溶岩流が覆いつくした．谷ネットワークの形成は低下し，マグマが氷床や永久凍土と相互作用するときに溢れ出す，巨大な洪水でできたとされる流出チャンネルが起こるようになった．火山活動が活発なタルシス地域周辺で多く見られ，なかでもアレス谷，カセイ谷と呼ばれている流出チャンネルは巨大で，その規模は最大で 1,000 km，幅数百 km，深さ 1 km という大洪水だった．この大洪水は大量の土砂とともに北部の平原に流れ込んでおり，そこで一時的に「ボレアリス海」と呼ばれる海を作ったと考えられる．

　当時の海は気候変動と火山活動によって断続的に形成されては消え，火山からの噴出物の硫黄や硫化水素，亜硫酸ガスなどから，海水が酸性から強酸性となり，いわば硫酸の海だった．そこではフィロケイ酸塩鉱物のよ

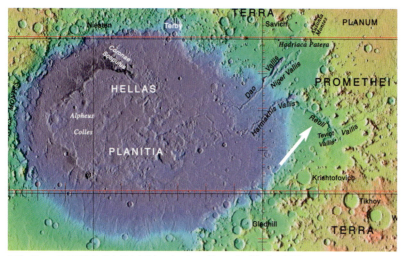

図3-15 ヘラス平原に流れ込む河川 リール・バレー（矢印）（©USGS）

図3-16 マーズ・エクスプレスが撮影したリール・バレー．深さ300 m，幅約7 km．（©ESA/DLR/FU Berlin, G. Neukum）

図 3-17 火星南部エリダニア流域の一部．この地域は，約37億年前に海があったと考えられている．この図は，その古代の海の水深の推定値．約850 kmの範囲．(©NASA)

図 3-18 左図中の火山鉱床に囲まれて部分的に埋まってい海底熱水堆積物の可能性がある場所のもの．範囲は約 20 km．(©NASA/JPL-Caltech/Malin Space Science Systems)

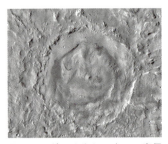

図 3-19 ゲールクレーター．直径 154 km，35億年から38億年前に形成された．
(©NASA/JPL-Caltech/ASU)

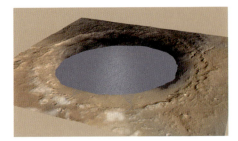

図 3-20 ゲールクレーター湖の眺め（想像図）．30億年以前，湖沼だった可能性のある堆積物が発見された．(©NASA/JPL-Caltech)

図 3-21 探査車キュリオシティが着陸したゲールクレーター内部．(©NASA/JPL-Caltech/Malin Space Science Systems)

うな粘土鉱物の割合が減少し，硫酸塩鉱物の堆積が顕著になった．

タルシス地域の隆起による広い地殻の盛り上がりから，マリネリス渓谷が形成され，マリネリス渓谷の底には粘土鉱物の上に硫酸塩鉱物が乗った層状の堆積物が沈殿した．

＜アマゾニアン（30億年前から現在）＞

現在につながるアマゾニアンだが，30億年以前からの話なので，生物進化が最大の関心事であり5億年前の古生代以前は語られる機会が少ない地球の地史とはまったく異なる．

アマゾニアンは30億年前から現在に至る長期にわたるため，前期，中期，後期に分けて考えられている．

この代は水に関連する堆積物は非常にまれになり，地形変化や隕石衝突，火山活動も規模が小さくなり，現在のような乾燥寒冷な環境に近くなった．

アマゾニアン前期は，タルシス地域で隆起が繰り返され，それによって放射状の地溝（グラーベン）を形成した．隆起とともにタルシス火山の噴火が継続した．

マリネリス渓谷は，泥流などで次第に堆積物がたまっていく一方，継続的な地殻変動によって拡大した．タルシス地域で地下水が洪水となって吹き出し，大きな流出谷（カセイ谷など）を形成し，一時的に海を形成した．エリシウム地域でも火山活動が続き，北部の平原を溶岩流で埋めていった．

アマゾニアン中期は，タルシス地域の火山活動が衰え，多くの谷が形成された．この時代にオリンポス山が噴火を始めた．

地軸の傾きと軌道の変化により氷河時代が生じ，風による浸食が支配的であり，表面の玄武岩の鉄を酸化することによって赤みを帯びたチリを生じた．時には火星を覆う塵の嵐が火星の表面の模様を形成することになる．

アマゾニアン後期は，マグマの噴出により，新鮮な溶岩がタルシス地域を一部覆った．オリンポス山の最も最近の溶岩流出はおよそ2億年前とされる．現在の火星は火山活動はなく，オリンポス山や，大きな火山はみな活動を停止した，と考えられている．

3つのタルシス火山は，ピークからピークまで約700 km離れ，南西～

北東の線に沿って等間隔に配置されている．この整列が偶然になる可能性は低い．タルシス火山の北東に位置するいくつかの小さな火山の中心は，その延長線上にある．3つの火山は，山の様相が，同じ北東〜南西に沿っていて，タルシスバルジの構造的特徴をはっきりと現しているが，その起源は不明だ．火星表層の地形変動は，火星内部の動きや進化によって引き起こされたものであり，変動の原因を突き止めるには，火星内部の情報が欠かせない．そのためには，火星の各地に地震計を置いて，火星の内部を伝わる地震波を調べる必要がある．さらに，火星の岩石などのサンプルを持ち帰って，年代測定や化学的な分析を行うことで，絶対年代がわかってくる．これからの火星探査に必要な課題をクリアしたあとには，火星がたどった道筋とこれからのこと，さらには地球の未来もみえてくるのだろう．

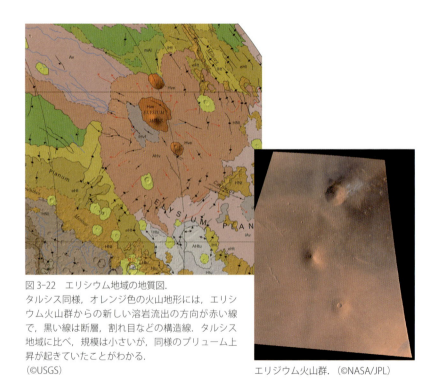

図3-22　エリシウム地域の地質図．
タルシス同様，オレンジ色の火山地形には，エリシウム火山群からの新しい溶岩流出の方向が赤い線で，黒い線は断層，割れ目などの構造線．タルシス地域に比べ，規模は小さいが，同様のプリューム上昇が起きていたことがわかる．
（©USGS）

エリジウム火山群．（©NASA/JPL）

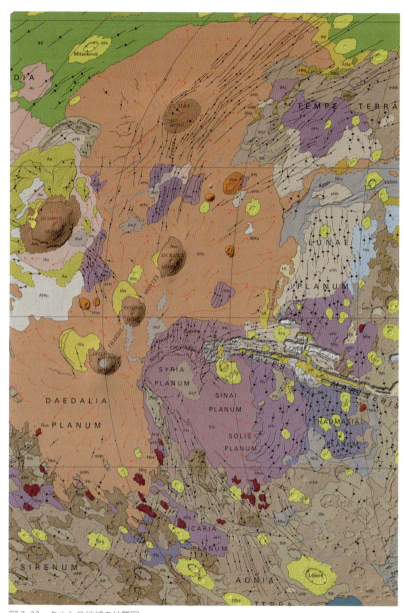

図 3-23 タルシス地域の地質図.
オレンジ色の火山地形には,タルシス火山群からの新しい溶岩流出の方向が赤い線で示される.
紫色は古い溶岩流出.黒い線は断層,割れ目などの構造線.(©USGS)

4. 火星の衛星

　火星には2つの衛星，フォボスとダイモスがある．1877年8月17日，アメリカの天文学者アサフ・ホールが米国海軍天文台の26インチ屈折望遠鏡を使ってそれら2つの天体が火星を回っていることを発見した．両方の衛星は，ローマ神話の火星として知られていたギリシャの戦争の神，アレスの子にちなんで命名された．大きい衛星がフォボス，小さい衛星がダイモスだ．大きさは，フォボスが直径22 km，ダイモスが13 kmのいびつなジャガイモのような形をしている．どちらも火星を回る軌道はほぼ円形を描いている．火星からの軌道半径は，フォボスが9,400 km，ダイモスが23,500 km，火星を回る周期は，フォボスは0.3日，ダイモスは1.26日だ．

　フォボスの表面にはクレーターがかなりの数見られるが，最大のクレーターはスティックニークレーター（Stickney）であり，直径約9.4 kmである．ダイモスには2つ存在する．それぞれ「スウィフト」「ヴォルテール」と名付けられている．ダイモスのクレーターはレゴリス（表層土）に埋まりかけたものが多く，比較的滑らかな表面をしている．

　衛星の由来は，捕獲説と集積説がある．

　捕獲説は小惑星由来の天体が火星にとらえられたもの，とされている．理由はC型（炭素質）の小惑星と似た色，密度ということだ．

　集積説は，地球のジャイアントインパクトと同じようなことが火星にも起き，巨大な隕石が衝突した際の破片が集積したもの，という．理由は2つの衛星の軌道が円軌道でそろっていること，フォボスはC型というよりケイ酸塩質，ということだ．では，火星にはもっと大きな衛星があってもおかしくないはずだが，それは先に火星に落下して今はない．フォボスも数千万年後に火星に落下するだろう，という計算もされている．

　結論が出るにはまだまだ時間がかかるのだろうが，一番の解決策はサンプルを採集してくることだろう．これは火星本体にもいえることだが，火星の衛星からのサンプル回収は，火星本体からのサンプル回収よりは楽といえる．サンプルリターンは，「はやぶさ」で日本のお家芸ともいえる．

図3-25 火星の衛星，フォボス（右）とダイモス（左）．フォボスの向かって右側にスティックニークレーターが見える．（©NASA/JPL）

実際，日本でも構想されている．日本の宇宙科学研究の核である宇宙科学研究所が次のような将来計画を公表している．

> 火星衛星探査計画（MMX：Martian Moons eXploration）では，2020年代前半の探査機打上げを目指し，研究開発が行われています．
> 火星は，フォボスとダイモスと呼ばれる2つの衛星を持っています．火星衛星の擬周回軌道（QSO：Quasi Satellite Orbit）に入り，火星衛星観測・サンプル採取を行います．観測と採取を終えた探査機は，サンプルを携えて地球に帰還するというシナリオを描き，検討を行っています．（JAXA 広報より）

図3-26 MMX（©JAXA）

第3章 火星の地史

コラム

地球に落ちた火星の石
火星隕石，なぜ火星から？

　火星から飛んできたとされる隕石が見つかっている．
　地球に落ちた隕石は，その起源は火星の軌道と木星の軌道の間に多く見られる小惑星の一部であると考えられてきた．しかし1970年頃から分化が進んだエイコンドライトと呼ばれる隕石の種類の中に，その隕石が形成された年代が，1億年～20億年前というものが見つかりだした．形成年代が45.5～45.6億年前付近を示す多くの隕石よりも新しいうえに，玄武岩など地球の火成岩に似た鉱物や組織を持つ隕石が見つかった．これらは地球に似た表面を持つ月や火星の岩が，隕石衝突で砕かれて宇宙空間に弾き飛ばされ，それらの一部が地球に落ちてきた可能性が考えられる．
　月は近い天体だが，いくら隣の惑星とはいえ火星から本当に飛んできたのだろうか．火星起源と推定される根拠は，隕石中に含まれている気体の成分がバイキング探査機により分析された火星の大気と一致したのだ．こうした科学的な証拠を積み上げていくと，確かに火星から飛んできた，と考えざるを得ない．そして，火星の石を直接手にとることのできない今，火星の地質や進化の過程を教えてくれる唯一の物質になっている．
　ただ1つ，41億年前の生成年代でありながら火星隕石とされる例外がある．それが，南極で発見されたALH84001隕石で，原始生命の痕跡がある，と発表されて有名になった隕石だ．
　火星隕石の総数は，2018年5月のThe Meteoritical Societyのホームページによると，承認されたもので207件あり，そのうち，火星隕石として良く知られている3種類の，シャシナイトが3，ナクライトが20，シャーゴッタイトが169，登録されている．
　この3種に分類されない火星の玄武岩礫からなる角礫岩とされるものが4，オリビン含有オーガナイト玄武岩が1，斜方輝石が豊富な隕石（ALH84001）が1，その他の火星隕石が3，とされている．

第4章
生命は？ 積み重ねた探査成果

　火星には生命はいるのでしょうか，それとも今はいなくても，遠い過去に存在したのでしょうか．

　火星探査の一番の関心事は，生命の存在です．

　地球にいるんだから，火星にも人間のような火星人はいなくても，生命と呼べる存在はいるに違いない，と信じる科学者をはじめ多くの人たちが思う以上，火星探査は続きます．

　生命の存在に不可欠な火星の自然環境はどのような状態なのか，それが過去から現在までどのような変遷をしてきたのか，まずはこの答えを得ることも重要です．火星探査も，生命の存在を直接確かめることから，過去から現在までの火星環境の理解を進めることを優先し，その中で生命の可能性を探るという考えのようです．

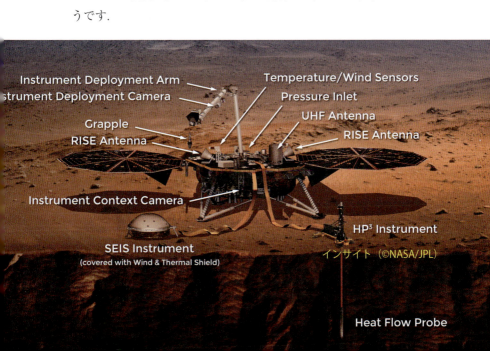

インサイト（©NASA/JPL）

1. 火星探査で見えたもの

＜マリナー4号の快挙＞

　火星に関する知識は，1960年以後打ち上げられ，火星に到達したアメリカをはじめ旧ソ連，ヨーロッパの探査機によって飛躍的に増大した．

　とはいえ，火星は遠い．月にさえなかなかたどり着けない時代に火星探査は無謀だったのかもしれない．しかし，1960年代のアメリカとソビエトの宇宙開発競争は火星探査でも覇を競っていた．

　旧ソビエト連邦，今のロシアが火星探査機マルス1号を1962年に打ち上げ，火星近傍を通過し観測を行う計画だったが，火星に到達する前に通信が途絶えたため失敗に終わった．さらに1971年に着陸機と周回機からなる探査機「マルス2号」と，同型の「3号」を火星に送り込んだ．周回機のミッションは2つとも成功したが，2号の着陸機は墜落．3号の着陸機は史上初の火星軟着陸に成功したものの，14.5秒後に通信が途絶えた．

　1965年，アメリカ航空宇宙局（NASA）の火星探査機マリナー4号が火星に近づき，初めて火星表面の近接写真を撮影し地球に送信してきた．撮影範囲は全表面のわずか1％ほどであったが，そこにはそれまで長く議論されてきた「運河」ではなく，月の表面に見られるクレーターが写っていた．火星は月よりも地球に近い惑星，と考えられえていたから，運河を信ずる人たちばかりか，火星の研究を進めてきた科学者たちもショックを受けたのだった．

　その後，NASAのマリナー6・7号がより広く詳しい火星表面の写真を撮り，火山や谷などの地形がわかるにつれ，やはり火星は月よりも地球に近い惑星であることが理解されるようになった．

図4-1 マリナー4号（©NASA/NSSDC）

図4-2 マリナー4号撮影の火星面（©NASA/NSSDC）

図4-3 マリナー4号が初めて送信してきた火星表面（©NASA/NSSDC）

図4-4 マリナー6号（©NASA/NSSDC）

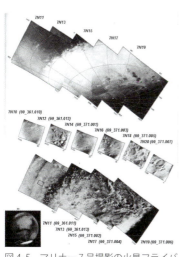

図4-5 マリナー7号撮影の火星フライバイ画像（©NASA/NSSDC）

図4-6 マリナー6号撮影の火星面（©NASA/NSSDC）

第4章 生命は？ 積み重ねた探査成果

2. マリナーからバイキングへ

＜火星の人工衛星マリナー9号＞

1971年5月30日，アトラス・セントールロケットに搭載されたマリナー9号が打ち上げられた．167日の惑星間飛行の後11月14日，マリナー9号は火星を回る周回軌道に乗り，初の火星の人工衛星となった．マリナー9号は，軌道周期12時間，近火点1,398 km，遠火点1万7,916 kmの長楕円軌道で火星を周回しながら観測を行った．観測の目的は，火星の惑星としての形状，地形，質量の分布，重力場を含めた地形の精密な観測および上層と地表大気の気象観測であった．軌道上で349日間にわたって大気の組成，密度，圧力，温度，火星の表面組成，温度，重力，地形についてのデータを収集した．火星全体をカバーする7,329の画像を含む，合計で540億ビットの科学的データが地球に送信された．そのための科学機器としては，

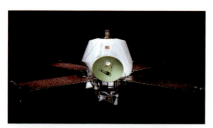

図4-7 マリナー9号（©NASA/NSSDC）

図4-8 ノクティス・ラビリントスの一部（©NASA/NSSDC）

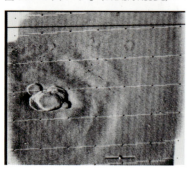

図4-9 オリンポス山
（©NASA/NSSDC）

図4-10 北極冠
（©NASA/NSSDC）

狭角カメラ，広角カメラ，赤外線放射計，紫外線分光計，赤外線干渉分光計が搭載されていた．送信されたたくさんの鮮明な画像は，火星がこれまで推測されていたよりはるかに多様で活動的であることを示していた．オリンポス山という火山が地球のエベレストの2倍以上の高さがあり，太陽系最大の山であることも明らかになった．他にも火山地形や火星の赤道近くを東西に4,000 km，火星を1/4周もするような巨大な峡谷が発見されて，火星の地質学的に特長ある構造が見えてきた．火星には水の流れたようなあとがあり，過去には火星には海のようなものがあった，と推定された．フォボスとダイモスという2つの衛星の姿もとらえられた．

　火星人はいなくても，生命が存在する可能性が浮上してきた．

　火星の初期のころには，地球と同じように生命が発生する環境と有機物

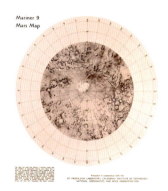

質があったのではないだろうか．その後の環境の変化のなかで地球の生命のような進化は期待できないが，過酷な環境でも生きているバクテリアや地衣類，下等な藻類などの生命の可能性は十分にある．はたして火星に生命は存在しているのか．

　さらに深まった謎ときは1975年のバイキング計画に引き継がれた．

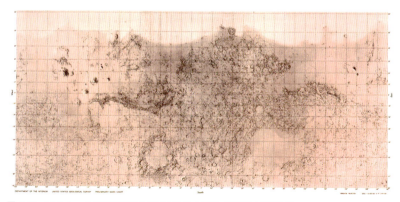

図4-11　マリナー9号の探査から作成された火星図　(©NASA/NSSDC)

第4章　生命は？　積み重ねた探査成果　67

<野心的なバイキング計画>

1976年にはNASAのバイキング探査機が生命探査の使命を帯びて火星に軟着陸した．

バイキング1号と2号は，火星周回のオービター（軌道船）とランダー（着陸機）で構成され，ランダーは火星表面の高解像度画像を得るための最初の探査機となった．そして火星表面の現場で生物学的試験を実施した．

バイキング1号は1975年8月20日に打ち上げられ，1976年6月19日に火星に到着した．火星への着陸は1976年7月4日のアメリカ独立記念日に予定されていたが，着陸候補地の起伏が大きいことが撮影した画像からわかり，安全な場所が見つかるまで延期された．ランダーは7月20日にオービターから分離され，クリュセ平原に着陸した．バイキング2号は1975年9月9日に打ち上げられ，1976年8月7日に火星軌道に入った．バイキング2号ランダーは1976年9月3日にユートピア平原に着陸した．

もともと90日間機能するように設計されたバイキングオービターだが，6年以上にわたりデータ収集を継続した．軌道上から撮影された火星表面は5万点以上の画像があり火星の97%をマッピングした．

バイキングランダーは，火星表面の4,500枚のクローズアップ画像を撮影した．

さらに土を掘り，土壌分析，生命探査，気象観測，大気成分分析などが行われた．注目された生命探査だが，そこでの探査対象は光合成独立栄養微生物と従属栄養微生物とし，それらの物質代謝活動の証拠を見つけるため，天文学者のカール・セーガンらが提案した3種類の装置を使用した4つの実験が行われた．

しかし，生命の存在は見られず，生命の痕跡となる有機物も検出できなかったとされた．

<バイキングランダーの生物実験>

2機のランダーは火星の表面の2か所，バイキング1号ランダーは赤道付近のクリュセ平原，さらにバイキング2号ランダーは北半球のユートピア平原で同じテストが行われた．火星での微生物生命の生物学的特徴を調

図4-12　バイキング探査機（©NASA/JPL）

図4-13　バイキング着陸船（ランダー）
　　　　（©NASA/JPL）

図4-14　河川のように見える樹状（木の枝状）
　　　　ネットワーク　　　（©NASA/JPL）

図4-15　バイキング1号ランダーが着陸した
　　　　クリュセ平原（©NASA/JPL）

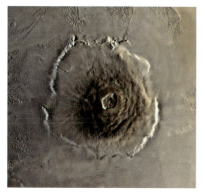

図4-16　オリンポス山
（©NASA/JPL）

図4-17　バイキング2号ランダーが着陸した
　　　　ユートピア平原（©NASA/JPL）

べるために行う最初の火星の実験だった．

着陸船はロボットアームを使用して土壌標本をランダーの密封される試験容器に入れた．

取り込んだサンプルを使って3種類の生物実験が行われた．

①ガス交換（GEX）実験

火星に生きている微生物がいるとしてある種の呼吸作用をするかどうかを調べる実験．

火星の空気を最初に不活性ガスのヘリウムで置き換えて，砂標本に最初に栄養分を加え，水を加えた．定期的に装置は培養容器の空気をサンプリングし，ガスクロマトグラフを使用して酸素，二酸化炭素，窒素，水素，およびメタンを含むいくつかのガスの濃度を測定した．科学者たちは，代謝生物が測定されるガスの少なくとも1つを消費するか放出するかのいずれかを仮定した．しかし，二酸化炭素が瞬間的に発生したのみだった．これは試料の中に過酸化物が含まれており，それに水をかけた結果から出たものと解釈された．

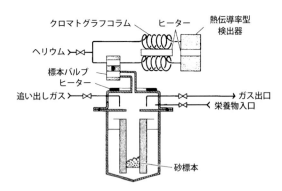

図4-18　ガス交換（GEX）実験
（出典：The VIKING mission to mars　NASA SP-334　1974, NASA）

②炭酸同化，熱分解放出（PR）実験

炭酸同化作用（光合成）の有無について炭素の放射性同位元素 ^{14}C で標識化（印をつけた）した二酸化炭素が土壌微生物に吸収されるかどうかを

検出する．土壌標本上の空気に，標識化した二酸化炭素を加えた．太陽光を模した光を照射し，光合成が起こればこれらの気体は微生物中に取り込まれる．数日後標本を加熱し，その中の生物由来の有機物を二酸化炭素になるまで燃焼すれば，標識化した炭素の検出ができるだろう，というもの．その結果，1号のクリュセ平原での6回の実験中5回，特に1回目の反応は強く標識化した二酸化炭素の存在を示唆した．2号のユートピア平原での3回の実験で2回，わずかに存在を示し，光を照射しなかった試料では標識化した二酸化炭素の存在は示されなかった．しかし，あらかじめ高温で殺菌した試料からも標識化した二酸化炭素が検出された．1号の1回目の反応も地上での追試験から光化学反応の可能性が指摘された．

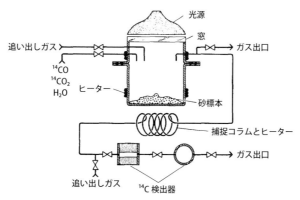

図4-19　光合成熱分解放出（PR）実験
（出典：The VIKING mission to mars　NASA SP-334　1974, NASA）

③標識放出（LR）実験

　土壌に添加した炭素の放射性同位元素で標識化した標識有機物が生物作用で分解して標識化した炭素を含む二酸化炭素が放出されるかどうかを検出する．

　土壌標本は，標識化された栄養液によって湿らせられ，次いで培養され，栄養分を吸収する時間が与えられる．

　栄養物に放射性炭素原子を含んだ液が少量加えられた．土壌中に微生物が存在すれば，栄養素を代謝して放射性二酸化炭素またはメタンガスを放

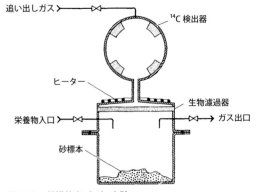

図 4-20　標識放出（LR）実験
（出典：The VIKING mission to mars　NASA SP-334　1974, NASA）

出するはずであり，それが放射線検出器によって計測される．標識揮発性物質は，代謝の存在を暗示する．排泄された標識化した気体の量の時間変化を測定することにより，微生物の再生速度および生理学的状態に関する情報を得ることができる．実験は，地球上の南極大陸土壌サンプルでテストされたうえ，火星上で実行された．

その結果，放射性炭素の放出が 60 火星日以上継続した．また熱処理によって放出が押さえられた．こうした現象は，生物由来の反応ではないかと考えられた．

直接の生命検出実験ではないが，ガスクロマトグラフ（GCMS）質量分析計を使用して，未処理の火星土壌の有機物成分の検出が試みられた．質量分析計は数十億分の1のレベルで存在する分子を測定することができるが，土壌が異なる温度に加熱されるときに放出される成分の分析結果から，メタンのような単純な有機物は 1 ppm 以下，さらに複雑な有機分子の場合の上限は 0.001 ppm ということで，火星土壌中の有機分子の有意な量を測定できなかった．

実験結果のなかには，標識化された有機物を加えた土壌からは，標識化した二酸化炭素の激しい放出があったが，それは地球上の実験で土壌中の微生物が示した反応とは全く別で，化学反応のようであった．また，光合

図4-21 バイキング2号着陸地点での土壌採集．中央に表土をすくった跡が黒っぽく見える．（©NASA）

成の有無では湿らせた土壌からの酸素の放出は，暗くした状態でも起った．

　これらの実験によるデータを解析したうえで，火星の表面土壌には鉄の過酸化化合物が含まれているために起きた，化学反応を見たものだった，と結論付けられた．

＜バイキングの気象観測＞

　バイキングは，1号がクリュセ平原という北緯22度，いわば火星の亜熱帯，2号はユートピア平原という北緯48度の亜寒帯に降りたが，そこで，気温，気圧，風速，湿度などの気象データを取り続けた．1号は1火星年と半年，2号は3火星年と少し，である．その間，火星の季節変化が公転軌道上の近日点（Ls251度）から冬至（Ls270度）の時期をピークに変動していること，砂嵐のシーズンに規模の大きな砂嵐（ダストストーム）を2回，記録することができた．

第4章　生命は？　積み重ねた探査成果　73

(A)
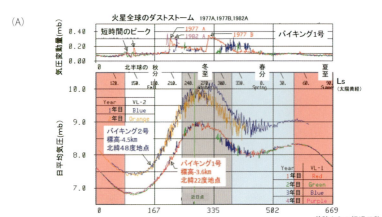

(B)
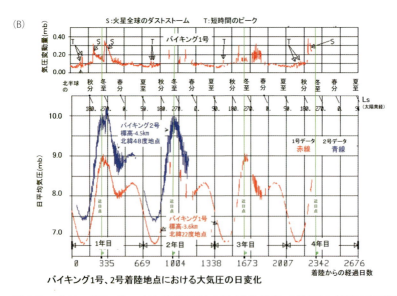

図4-22 バイキングランダー，1号（北緯22度）2号（北緯48度）の地点での火星面の気圧変化．(A)は，火星に着陸してから，火星の1年 669 火星日の変化．
横軸，上のLs270°（着陸後300日付近）は火星の冬至にあたり，この頃が最も気圧が高い．火星の近日点はLs251°である．反対に最も低いのはLs150°（着陸後150日付近）夏至（LS90°）後である．
(B)は1号が3火星年，2号が1火星年と半分の気圧データで，毎年ほぼ同じ変動パターンを繰り返していることが見て取れる．それぞれの図の上の小さな図は，ダストの変動図で，1977A，1977Bはダストストームが起きた時である．
(©NASA)

3. 次世代の火星探査

バイキング以後，火星探査はなぜか失敗が続き，2000年までの25年間に世界中で試みられた10回の火星探査で，成功と呼べる火星探査機はマーズ・パスファインダーとマーズ・グローバル・サーベイヤーの2機のみだった．

＜マーズ・パスファインダー＞
次世代の火星探査はNASA, JPLによって再開された．マーズ・パスファインダー（MPF）と呼ぶ探査機の特徴は小型の火星面探査車（マーズ・ローバー）ソジャーナを積んでいったことだ．1996年12月に打ち上げられ，1997年7月4日に火星に無事到着し，観測を開始した．ローバーは着陸機を中継して地球との通信を行いつつ探査を行った．

ソジャーナは質量10.6 kg，65 cm × 48 cm × 30 cmと人間が抱えて持ち上げられるほど小さい．さらに火星への着陸は，パラシュートで降下し，その後はランダーの周りを複数のエアバッグで守って，バウンドしながら減衰させる方法を取った．逆噴射ロケットを使えばその分重くなる．なんとも無茶なことだが，15から20回もバウンドしながら無事着陸できた．ソジャーナには火星の地表や岩石がどのような物質でできているかを調べるための機器を搭載し，都合100 mの距離を動いて，いくつかの岩の分析をしたり，画像を撮影した．本体（着陸機）は，火星の生命探査に情熱を注いだ天文学者，カール・セーガンの名前をとって，カール・セーガン基地と名づけられ，カメラや気象観測装置などで火星の地表や気象を観測した．

マーズ・パスファインダーの降り立った場所は巨大なクリュセ平原のアレス谷という河川地形の河口部だ．河原に転がる岩石を調べて堆積岩があれば海の存在があったことを，それらの石がまるみをおびていれば川の流れがあったことを，石灰岩が見つかれば二酸化炭素の大気があったことになる．数多くの科学的成果をあげたマーズ・パスファインダー．その成果

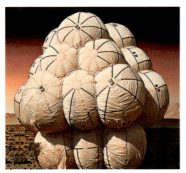

図 4-23　マーズ・パスファインダーで初めて用いられた軟着陸用エアバッグ（©NASA/JPL）

図 4-24　ローバー，ソジャーナ．小型ながらαプロトンX線分光計（APXS）を搭載し，岩石の元素を検出．玄武岩や安山岩に似た年代の異なる石を発見し，これらが洪水によって運ばれた可能性から水のあったことを示唆した．（©NASA/JPL）

図 4-25　マーズ・パスファインダーの気象観測．地方火星時が表示された（©NASA/JPL）

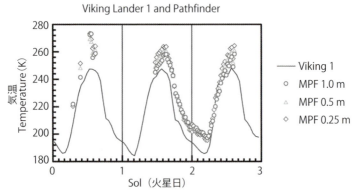

図 4-26　バイキング1号と同じクリュセ平原の気温．MPFの測定点がバイキングより地表に近い分気温が高い．（©NASA/JPL）

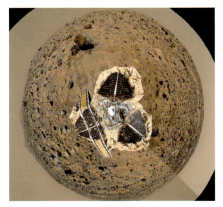

図4-27 マーズ・パスファインダー着陸機，カール・セーガン基地からのながめ（©NASA/JPL）

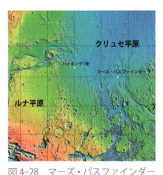

図4-28 マーズ・パスファインダー着陸地点
アレス谷と呼ぶ洪水チャンネルと考えられる河口付近．
（©NASA/JPL）

図4-29 クリュセ平原．石や岩が左から右に傾きがそろって見える．（©NASA/JPL）

を13項目に大別し，順に紹介すると，

①火星の埃の中に磁気を帯びた粒子を発見した．

②着陸地点付近の岩石の化学的組成が火星由来の隕石と異なることを発見した．

③着陸したアレス谷の土壌組成が1976年の「バイキング1号，バイキング2号」の着陸地点のものと同じものであることを発見した．

④大気透明度が軌道上からの観測やハッブル宇宙望遠鏡の観測結果より高いことを発見した．

⑤火星全体のエネルギー収支に大きな影響を与える大気浮遊粉塵が乱気

流によって地表から舞い上がるメカニズムを観測した.

⑥岩石の風化の様子を観測した.

⑦朝方の雲による影の観測をした.

⑧急速な温度と圧力の変化を観測した.

⑨火星表面の反射能と輝度の変化は他の観測手段で得た結果と一致したものの，赤鉄鉱結晶などの吸収は観測されなかった.

⑩温度変化のプロファイルはハッブルなどの観測からの推定と異なっていた.

⑪洪水によって運ばれたと思われる岩石に大きさ別の分布を観測した.

⑫火星の回転モーメントの測定から，火星に半径 1,300～2,000 km のコアがあることをつきとめた.

⑬かつて液体の水が安定して存在し，流れていたことを示唆する角のとれた小石などを発見した.

マーズ・パスファインダーの成果をもとに，アメリカは火星の表面，特に水の存在を軌道上から詳しく調べる探査機を送り込むことを計画した.

＜マーズ・グローバル・サーベイヤー（MGS）＞

図 4-30　マーズ・グローバル・サーベイヤー（MGS）
MGS の目的は，高分解能の撮影による詳細な地形図の作成，地表の組成と内部の物質成分の調査，地表の地質過程の調査，地形と重力の測定，地表と大気中の水と塵の役割の観測，磁場の進化の調査である．搭載された科学機器は，MOC（カメラ），TES（放射熱分光計），MOLA（レーザー高度計），MFI（磁場探査器），MR（中継送信機）などである．（©NASA/JPL）

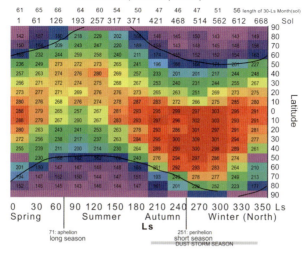

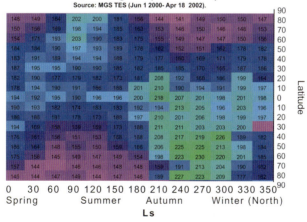

図4-31 火星の1日の最高(上図)と最低(下図)の温度の年変化のグラフ
MGSが現地の14火星時と2火星時に測定した地表面の温度分布図.
縦軸は火星の緯度,中央が赤道,上が北半球,下が南半球.
横軸は火星太陽黄経Ls 0°が年初で火星の春分,1目盛が1火星月で平均56火星日(46〜66火星日).図の中心が火星の秋分.Ls71°が遠日点,Ls251°が近日点を表す.
温度は絶対温度k(273kが0℃)でそれぞれ色分けされている.
上の図で,赤は273k(0℃)を上回る地域で,南半球の夏に集中している.最高は309k(36℃).
下の図は紫が火星のCO_2の凝固点温度148k(-125℃)を下回る地域.これは南北両極を中心に広がり,それぞれの冬の時期,太陽が昇らない期間に集中している.
(©R.T.Clancy et al., Journal of Geopys, Res. 105 p9553, 2000)

第4章 生命は? 積み重ねた探査成果 79

マーズ・グローバル・サーベイヤーは，1996年12月に打ち上げられ，1997年9月12日，火星を回る人工衛星となり，詳細な火星の表面の撮影を開始した．「測量士（サーベイヤー）」の名前のとおり火星の地形を詳しく調べるのが主な目的で，搭載された6つの観測機器により，火星の地質，地形，重力，磁気，気候などを観測することを目的とした．1999年3月からはレーザーによる地形測定を開始した．その精密な測定と鮮明な写真観測とにより，火星の等高線地図を作成したり，火星の表面に地球の永久凍土地帯に見られる地形や，かつて水が噴出した可能性が高い地形があること，磁化した地域があることを発見するなど，科学的にも大きな成果を挙げた．マーズ・グローバル・サーベイヤーは火星探査機として2007年1月に公式にミッションを終了するまで史上最長の探査期間を記録し，24万点にものぼる画像を撮影した．これら大量のデータは，火星の研究だけでなく，後続の探査機2台の探査車，オポチュニティーとスピリットの着陸地点を決定する際にもそのデータが使われた．

　＜MGSの軌道上からの気象観測＞
　MGSには，火星の大気全体を研究するミッションがある．広角カメラシステムを使っての最もエキサイティングな観測項目の1つは，火星が規則的に繰り返す天候パターンの観測だ．カメラは毎日火星の全球地図を構築するため，撮影した．これらの地図は，火星の気象条件の変化の記録だ．観測した天候パターンには，毎年繰り返される極冠の消長や前年に発生した時と1～2週間以内に同じ場所で繰り返されるダストストームの発生が含まれてもいる．火星の春分以降，局地的な砂嵐はいつでも起き，火星の秋まで続く．

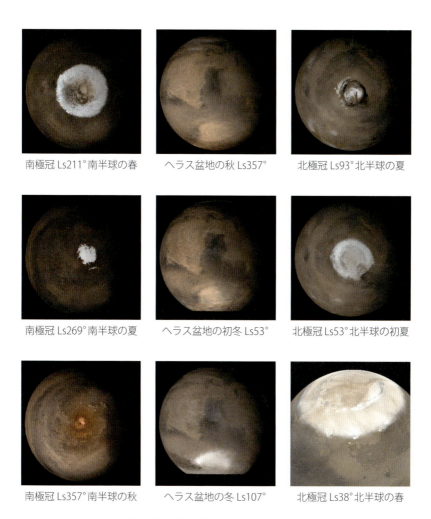

図 4-32 火星の天候パターン
(©NASA/JPL/Malin Space Science Systems)

＜2001 マーズ・オデッセイ＞

2001 マーズ・オデッセイとは，その名も「2001 年宇宙の旅」(2001：A Space Odyssey) にちなんで名付けられた，21 世紀最初の火星探査となった探査機．2001 年 4 月に打ち上げられ，7 か月後，2001 年 10 月 24 日に火星の人工衛星となり，観測を開始した．

この探査機の目的は，火星環境が地球上の生命が生存する可能性がある環境なのかどうかを調べること．そのため，火星の表層の水の痕跡や浅い地下にあるといわれる氷の存在，地表の鉱物の分布，放射線の環境などを調査した．2001 マーズ・オデッセイに搭載された 3 つの主要な機器は次のとおり．

① THEMIS（Thermal Emission Imaging System）
ミネラル，特に水の存在下でのみ形成できるものの分布を測定する

② GRS（Gamma Ray Spectrometer）
火星表面からのガンマ線を測定することにより，様々な元素の存在度やそれらがどのように分布しているかを計算することができる．浅い地下の表面の水素を含む火星の表面上の 20 の化学元素の存在を決定する（惑星上の可能な水の氷の量と分布を決定する）．

③ MARIE（Mars Radiation Environment Experiment）
放射線環境研究のための ガンマ線分光計による観測で，火星の南極と北極を覆う二酸化炭素の氷（ドライアイス）の下に大量の水が存在していることを示すデータが得られた．また，南極地域の地表から約 1m 下に，米国の大きな湖であるミシガン湖の水量と同じくらいの氷が存在することを示すデータも得られた．しかし，それ以外の火星地表はとても乾燥した状態にあることが観測によってわかった．過去の生命だけでなく，近い将来予定される，有人火星探査のときにも火星が人間にとって住みやすい環境であるかどうかを調べるのも目的の 1 つだ．

この探査機は，「マーズ・エクスプロレーション・ローバー」の通信を中継することにも使われ，2018 年現在も地上の「オポチュニティ」，「フェニックス」，そして「キュリオシティ」と地球との通信中継を担っている．

図4-33 2001マーズ・オデッセイのGRS
中性子を測定することで,火星上の水素の存
在量を計算し,水の存在を推測する
(©NASA/JPL/University of Arizona/Los
Alamos National Laboratories)

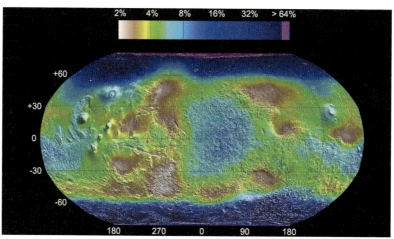

図4-34 火星の地下の水氷の分布
ガンマ線分光器の中性子分光器コンポーネントによって測定された水素の存在量から推定.水
は南北両極が多いが,赤道付近にも見られるのは,自転軸の傾きが大きかった時(現在は25°)
発達した氷河が地下に残存しているのではないか,と考えられている.
(©NASA/JPL/University of Arizona/Los Alamos National Laboratories)

第4章 生命は? 積み重ねた探査成果

<マーズ・エクスプロレーション・ローバー ミッション―
「スピリット」,「オポチュニティ」>

　火星に降りて移動しながらその場調査をするマーズ・パス・ファインダーに続く探査車,「スピリット」,「オポチュニティ」は,火星の2か所に2台の同じタイプのローバーを着陸させ,地表下に存在するといわれる液体の水などを探す.2台のローバーは2003年5月と7月に打ち上げられ,それぞれ7か月半の宇宙飛行の後,2004年1月3日に1号機「スピリット」が直径150 kmのグセフ・クレーターに着陸.「オポチュニティ」は1月24日火星の反対側にあるメリディアニ平原に着陸した.どちらもマーズ・パス・ファインダーと同様にエアバッグに包まれ,火星面をバウンドしながら着陸した.これら6個の車輪を持つローバーは重さ185 kgで,ゴルフ場で使われる電気自動車程度の大きさだ.ローバーにはパノラマ画像撮影カメラ（Pancam）や岩石を削り取る研磨装置（RAT）,組成を分析する熱赤外線分光器（MiniTES）,岩石や土壌のクローズアップ高解像度画像を撮影する顕微鏡（MI）などが搭載され,約3か月にわたって探査する予定だったが,スピリットは2011年5月まで,オポチュニティは予定をはるかに超過して2018年6月現在まだ探査を続けている.

図4-35　マーズ・エクスプロレーション・ローバー
（©NASA/JPL-Caltech/Cornell）

<スピリット>

　火星探査車スピリットは火星のグセフクレーター内部に着陸した．グセフクレーターが選ばれたのは，かつてクレータ内部に湖が存在した可能性があるためだ．湖の堆積物の証拠を探すことが火星探査車の任務の1つであった．しかし，着陸地点の平原はカンラン石に富んだ玄武岩と風で運ばれてきた塵からなる表層土（レゴリス）で覆われていることがわかった．クレーター内部に残る洪水堆積物の礫がおそらく30億年以上にわたり変質することなく残っていることや，スピリットが車輪をひきずった跡に明るい色の土が発見され，これを小型熱放射分光計（Mini-TES）を使って調べ，90％の濃度の二酸化ケイ素であることを明らかにした．このような高濃度の二酸化ケイ素の発見は初めてのことだ．その形成原因については，温泉のような環境や，火山活動によるものと考えられている．

　2009年5月，スピリットはより古く，変成の進んだ岩盤が多く露出し

図4-36　スピリットの着陸地点
（©NASA/JPL-Caltech/Cornell）

図4-37　スピリットが車輪をひきずった跡
（©NASA/JPL-Caltech/Cornell）

図4-38　スピリットが身動きできなくなったトロイの砂地　（©NASA/JPL-Caltech/Cornell）

第4章　生命は？　積み重ねた探査成果

ている，グセフ・クレーターの中の低い丘，コロンビア・ヒルズに到達するため移動中に，トロイと呼ばれる砂地を通過しようとした際に車輪が砂にはまり，身動きがとれなくなった．以降はその場に留まって気象観測などを続けた．

＜オポチュニティ＞

メリディアニ平原はほとんど平らな場所であるが，オポチュニティは直径約20 m のクレーター内に着陸してしまった．NASA の科学者は，たまたまクレーター内に着陸したことを「ホールインワン」と呼んで面白がり，後にこのクレーターは「イーグル」と名づけられた．

メリディアニ平原はヘマタイト（赤鉄鉱）の集積で知られているが，堆積岩の一部が明らかになった．着陸したクレーターの縁に地層の重なりが露出した露頭が見つかり，堆積構造や断層が見つかった．オポチュニティにより，この着陸地点は，長い期間高塩分で酸性の液体水で満たされていたことが明らかになった．その証拠は，鉄明ばん石という硫酸酸性の水の中でしか生成されない鉱物が全ての岩盤で発見されたためで，この発見はメリディアニ平原に水が存在したと判明させるに十分なものだった．

直径22 km のエンデバークレーターの西側の縁で，NASA の探査機「マーズ・リコネサンス・オービター」（MRO）が上空からスメクタイトという粘土鉱物を検知した．オポチュニティはスメクタイトを現地で発見したうえ，周囲の地層や鉱物環境などとあわせて詳しい調査を行った．

図4-39　オポチュニティが降りた，イーグル・クレーター　（©NASA/JPL-Caltech/Cornell）

図4-40 ビクトリアクレーターの北側に沿ってオポチュニティが進んだ．(©NASA/JPL-Caltech/University of Arizona/Cornell/Ohio State University)

図4-41 ビクトリア・クレーターの壁から飛び出た岬の一つ，ケープ・セント・ヴィンセント（©NASA/JPL-Caltech/University of Arizona/Cornell/Ohio State University）

図4-42 着陸地点付近には，ブルーベリーと呼ばれる灰色の小球が埋め込まれていた（©NASA/JPL-Caltech/Cornell）

図4-43 オポチュニティが鉄いん石を見つける（©NASA/JPL-Caltech/Cornell）

4. 生命の星の歴史と存在の確証

＜マーズ・サイエンス・ラボラトリ「キュリオシティ」＞

NASAの火星探査機「キュリオシティ」は2011年11月に打ち上げられ，予定通り直径154 kmのゲールクレーターの中に2012年8月に火星に着陸した．着陸にはエアーバッグを用いたそれまでの着陸機とは異なり，重さ約1トンのローバーは，ロケットのスカイクレーンからロープで吊るされて軟着陸するという初めての方法を採用した．

キュリオシティはそれまでのローバーと異なり，バイキングランダーでも採用されていた原子力電池を使っている．そのため昼夜，季節による変動を気にすることなく一定の電力が得ら

図 4-44　ロケットのスカイクレーンからロープで吊るされて軟着陸する．
（©NASA/JPL-Caltech）

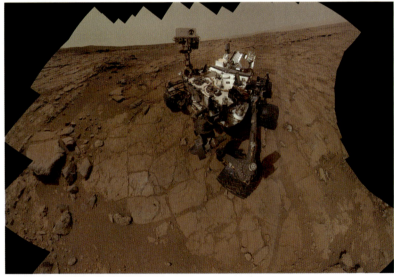

図 4-45　John Klein 掘削サイトでのキュリオシティのセルフポートレート
（©NASA/JPL-Caltech/Malin Space Science Systems）

図4-46 キュリオシティが撮影したアイオリス山（シャープ山）（2015年9月）
(©NASA/JPL-Caltech/Malin Space Science Systems)

図4-47 シャープ山が形成された後，風が古代の砂岩層を侵食した．
(©NASA/JPL-Caltech/Malin Space Science Systems)

図4-48 明るいスジ状の部分を持つ鉱物は，Sharp山の「Vera Rubin Ridge」の上端近くにある岩場のもの．MAHLIカメラによる，約2インチ×3インチの塵をはがした後の画像
(©NASA/JPL-Caltech/Malin Space Science Systems)

れ，さらに余熱を利用して探査機の機器の保温もできる．電池の寿命は15年程度は使えると考えられている．

　キュリオシティは36〜41億年前に形成されたとされる，ゲール・クレーターの中央のシャープ山を目指しつつ，過去の火星に水があった証拠などの探査をしている．シャープ山は5 kmの高さの層状堆積岩が存在しており，その岩は，火星の環境の長期間にわたる記録を保存している．クレーター内部に河川が流入することによって数万年から数千万年の間持続した，生物にとって居住性の高い湖の環境を明らかにしようとしている．

キュリオシティはスピリット，オポチュニティの科学機器の15倍の総質量を持つ10個の科学機器を搭載している．このツールの中には，遠方からの岩石の元素組成を調べるレーザー点火装置など，初めての機器を搭載している．キュリオシティは，ロボットアームの端にドリルとスコープを使用して，土壌と岩石の粉末サンプルを収集し，これらのサンプルをふるいにかけてローバー内の分析用実験装置に入れて分析した．

　火星の多くはダストで覆われており，ダストがどのような鉱物でできているかよく理解されていなかったが，玄武岩質の材料に類似しており，長石，輝石，かんらん石などが多量に含まれていることが初めてわかった．

　着陸してから最初の1年の大きな成果は，ゲールクレーターのイエローナイフ湾の調査から約38～31億年前に存在した淡水湖が微生物の生存に

図4-49　着陸場所のゲールクレーター．41～36億年前に形成された．
（©NASA/JPL-Caltech）

図4-50　侵食され細かく層状になった砂岩の岩場が広がる．右手遠方にシャープ山が見える．
（©NASA/JPL-Caltech/Malin Space Science Systems）

好都合な条件を提供していたことの証拠を得たとしている.

キュリオシティは当初の2年間の活動をさらに延長して火星探査のターゲットに火星の地表近くに塩水の存在の可能性を探っている.また,高さ5,000 mのシャープ山に登りながら,MROの精細画像に基づいて層状堆積物の探査を進め,堆積に関わる時間スケールの理解をもたらし,火星の気候履歴に関する重要な情報を提供する予定である.

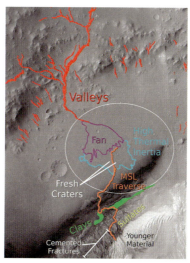

図4-51 着陸地点はクレーター内部に流れ込んだ川の河口の三角洲近く.
(©Anderson and Bell, 2010)

図4-52 キュリオシティが初めて収集した土壌サンプル.
(©NASA/JPL-Caltech/Malin Space Science Systems)

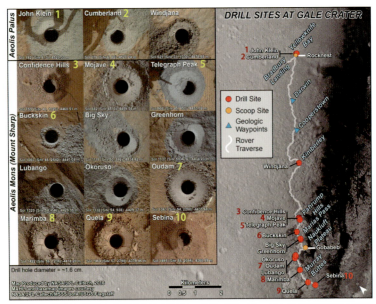

図 4-53 ドリルで採集した岩または土壌サンプリングサイト．これらの岩石資料は 2013 年 2 月から 2016 年 9 月にかけて掘削，採集された．
(©NASA/JPL-Caltech/Malin Space Science Systems/UA)

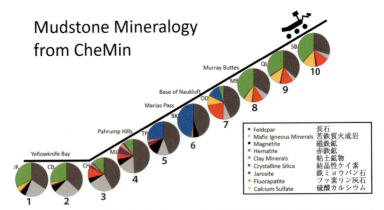

図 4-54 採取した岩石粉末サンプルを，ローバーの化学と鉱物（CheMin）器具でそれらを分析し 10 個の部位で泥岩の鉱物組成の類似点と相違点を示す．ローバーは最初にゲールクレーターの平地にある 2 つのサイトを掘削し，その後，クレーター中央のシャープ山に 140 m 登りながら掘削した．目立つ傾向は，紫色で示された鉱物，鉄ミョウバン石が，「パーランプヒルズ」区域で顕著であったことで，これは酸性水の指標である．反対に中性からアルカリ性を示す緑色で示された粘土鉱物は，下部と上部に目立つ．時代による川あるいは湖水の水質変化を示唆しているようである．（©NASA/JPL-Caltech）

＜マーズ・リコネサンス・オービター（MRO）＞

その名の通り火星表面をくまなく偵察（Reconnaissance）する周回衛星．2005年8月に打ち上げられた．2006年3月に火星に到着し，極周回太陽同期だ円軌道（高さ 255 × 320 km）に乗っている．2006年11月から火星を最大解像度 0.3 m という細かさで観測を行っている．

マーズ・リコネサンス・オービターの探査が目指すのは，火星の大気や地下の地層，氷の分布，存在していれば液体の水などを含めた火星の歴史と新たな発見だ．また，上空から得られるデータは，将来の火星有人探査の着陸地点の決定に役立てられる上，探査機そのものの動きを分析し，上層大気や火星の重力場の構造を調べるために利用される．この周回機は，高解像度のカメラを搭載し火星上空約 300 km という低い高度を飛行し，地上の 0.3 m のものを見分けることができる HiRISE カメラ，地下の様子を探るための電波レーダーや，広い地域を撮影するための広範囲カメラ（Context Camera），広い地域の砂嵐や雲などを捉えるカラー撮像装置などを搭載している．

MROは火星に到着直後は火星を回る長楕円軌道，近火点は約 420 km，遠火点は4万3,000 km を飛行しており，この軌道を火星大気によって探査機を減速させる「エアロブレーキング」により大気圏内を550回通過して大気との摩擦によって速度を下げ，最終的には高度 300 km の円軌道へ移動した．

図 4-55 マーズ・リコネサンス・オービター 高解像度撮像装置（HiRISE）の他に浅部レーダー（SHARAD）など，6つの観測機器を搭載している（©NASA/JPL）

図 4-56 Sirenum Fossae 地域の直径 1 km のクレーターの高解像イメージ．縁から幾筋ものガリーと呼ぶ溝が形成されており，地下水の存在を示唆する．(©NASA/JPL-Caltech/University of Arizona)

　高解像度撮像装置（HiRISE）はその高解像度を生かして，火星面の様々な地形，時間変化，地上の着陸機への地形情報提供，将来の地上探査のための情報収集，さらには火星面上の着陸機の様子まで撮影している．

　地下を探る浅部レーダー（SHARAD）の観測から，火星の南極の地下構造がわかってきた．南極では従来の見積もりの 30 倍も多くのドライアイス（火星氷）が埋まっていることがわかった．火星の両極はドライアイスで白く覆われている．南極で見られるドライアイスがどの程度の深さまで埋まっているのかを調べるため，MRO に搭載された地下探査用レーダーで観測が行われた．

　今回発見されたドライアイスは 1 万 2,000 km^3 にも及び，これは地球で 3 番目に貯水量の多い湖であるスペリオル湖（北米五大湖の

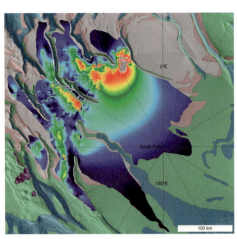

図 4-57　火星の南極付近に新たに発見された二酸化炭素-ドライアイス-の埋没堆積物．赤は約 600 m の厚さに相当．黄色は約 400m ダークブルーから 100 m 未満．(©NASA/JPL-Caltech/Sapienza University of Rome/Southwest Research Institute)

1つ）の貯水量とほぼ等しく，火星大気に存在する二酸化炭素の約 80 %の量に相当する．

＜マーズ・エクスプレス＞

欧州宇宙機関（ESA）が火星探査機で 2003 年 6 月にロシアから打ち上げられ，12 月に火星に到着して探査を開始した．この探査機は火星軌道を周回するオービターとランダー「ビーグル 2」からなる．ビーグル 2 はイギリスが開発した初めての火星探査機．マーズ・エクスプレスの目的は，オービターが軌道上から火星地表面を画像撮影し，10 m 単位の火星地形図を作ることと，100 m 単位の鉱物分布図を作ること．ビーグル 2 はロボットアームを持ち，掘削機で火星地表下の土を採集して，組成を調べたり生命の痕跡を探ることを目的として降下したが，降下途中で行方不明となり，着陸は失敗した．

オービターは，アメリカの他の探査機と比べると一回り小さいサイズだが，内部には多数の観測機器が搭載されている．

装置は大きくわけて 2 種類に分かれる．火星の表層および地下を探索する装置と，火星の大気を観測する装置だ．

まず表層や地下を調べる装置は，高解像度カメラ，スペクトロメータ，レーダ高度計．一方，大気の組成などを知るための装置は 3 種類．紫外・赤外大気スペクトロメータ，全球フーリエスペクトロメータ，エネルギー中性原子解析装置だ．これらの装置で火星の気候や地質活動の跡，さらには氷や液体として存在する水の分布などを観測してきた．マーズ・エクスプレスは，火山活動や氷河運動が以前考えられていたよりも新しい時期に

図 4-58　欧州宇宙機関（ESA）の火星探査機「Mars Express」（©JPL/NASA/ESA）

起きていることを明らかにした.

また,赤道地域での氷河活動の存在も明らかにし,極地域における水と二酸化炭素の氷(ドライアイス)の分布を明らかにし,それらが混ざっていたり分かれていたりすることも確かめた.鉱物学的な解析により,火星の表面には,長い時期にわたって,海や湖のような非常に大量の水が存在していたことが確かめられた.

マーズ・エクスプレスは,また火星の大気の中にメタンを発見した.これは,同じく大気の中にホルムアルデヒドが含まれるらしいという発見とともに,火星に現在でも火山活動がある可能性を示す証拠でもある.火星に現在でも「生命」活動が存在する可能性も考えられる.

さらにマーズ・エクスプレスの観測により,火星ではじめて紫外線オーロラが発見された.

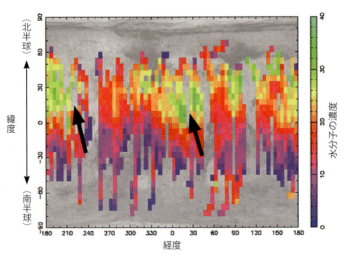

図4-59　全球フーリエスペクトロメータ(PFS)のデータ.新しい徹底的な分析により,メタンは大気中では一様ではなく,一部の地域に集中していることが確認された.PFSチームは,最高濃度のメタンが水蒸気と地下水の氷が集中している地域と重なっていることを確認した(矢印).水蒸気とメタンの間のこの空間的相関は,共通の地下源を指していると思われる.(©ESA/ASI/PES Team)

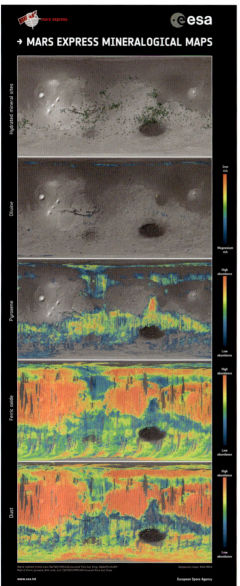

図4-60 火星の鉱物地図. 1番上の画像は, 水和鉱物. 水の存在下でのみ形成される一連の鉱物が検出された個々の場所を示す. 2番目の画像のかんらん石（オリビン）と3番目の画像の輝石（ピジョン）の地図は火山活動と惑星の内部の進化を伝えている. 4番目の画像の酸化鉄はクレーター, 溶岩の流出, 火星の大気との化学反応によって酸化され, 5番目の画像の鉄の酸化物の砂が数十億年をかけてゆっくりと火星表面をおおい, どこでも存在し, 火星特有の赤い色をもたらした.
(©ESA/CNES/CNRS/IAS/Universite Paris-Sud, Orsay；NASA/JPL/JHUAPL；背景画像：©NASA MOLA)

＜フェニックス＞

2007年8月4日，ケープカナベラル空軍基地よりデルタⅡロケットで打ち上げ，2008年5月25日（日本時間26日）火星に着陸した．

図4-61　火星のフェニックス・ランダー
（©NASA/JPL-Caltech/University of Arizona）

フェニックスの着陸地域は火星の北極地域の平原で，ヴァスティタス・ボレアリスと呼ばれる．火星の歴史のなかでは，海に覆われていたと考えられる平野で，南部の同様の地形地域よりもはるかに滑らかであり，着陸した周辺には，ポリゴンと呼ばれる多角形の凍土地形が広がっている．

フェニックスは，北極地域を現地調査する初の探査機であり，NASAの長期的な火星探査プログラムの4つの科学目標を達成する上で役立った．それは，

①生命が火星で起こったかどうかを判断する
②火星の気候を特徴づける
③火星の地質を探る
④人類探検の準備

というものだ．

図4-62　火星のポリゴン地形
地球の永久凍土地帯でも観測される多角形構造を示す．
（©NASA/JPL-Caltech/University of Arizona）

フェニックスミッションは，
(1) 火星北極の水の歴史を研究し，
(2) 居住可能なゾーンの証拠を探し，氷土境界の生物学的可能性を評価する

という2つの大きな目標を持っていた．

その成果は，表土が軽度のアルカリ土壌を記録したこと，生命のための栄養素である塩類の濃度を見出したこと，水の氷と土壌の特性に影響を与える過塩素酸塩を発見したこと．液体の

水があったことを示唆する炭酸カルシウムを発見したこと，などである．

フェニックスは高緯度地域の気象観測として，気温，気圧，湿度，風に関するデータ収集と，雲，霜および旋風の観測を行った．なかでも，雪が巻雲から落ちるのが観察された．雲は大気中の気温が−65℃付近のレベルに形成されていたため，雲はドライアイスではなく水氷で構成されたものと考えられる．

活動期間は当初想定された3か月を超え5か月以上に及んだ．11月2日，日照不足による太陽電池の電力低下のため活動を停止し，運用を終了した．

図4-63　朝，ランダーの周りの地面に霜が降りたのが見え，太陽が上がると消えた．(©NASA/JPL–Caltech/University of Arizona)

図4-64　フェニックスのロボットアームによるトレンチ．白い物質は，氷と思われる．(©NASA/JPL–Caltech/University of Arizona)

図4-65　火星の沈まない太陽．フェニックスが北緯68度の火星の北極圏で撮影した．(©NASA/JPL–Caltech/University of Arizona)

第4章　生命は？　積み重ねた探査成果

<メイブン>

　メイブンはアメリカの火星探査機で，火星の大気とその宇宙への流出について測定し研究する目的の探査機だ．以下の4つの事柄を主な科学的探査目標としている．

図4-66　Mars Atmosphere and Volatile EvolutioN，メイブン（©NASA/GSFC）

　①長い時間をかけて火星大気が宇宙へ散逸した損失量の測定．

　②現在の上層大気，電離層と太陽風の相互作用の状態の測定．

　③現在の中性ガスとイオンの宇宙への散逸量と，散逸過程の比率の測定．

　④火星大気中の安定同位体比の測定

　メイブンは，2013年11月に打ち上げられ，2014年9月に軌道が導入されて以来，太陽風と紫外線によって火星の上層大気からどのようにガスがはぎ取られるのかを調べている．最新の調査結果によると，メイブンの測定値は，太陽風によって毎秒約100グラムの速度で大気が散逸することを示している．大気の散逸は3つの異なる領域で起こることが示唆されている．脱出イオンの量は，火星の夜の側のテール領域から約75％，25％がプルーム領域からのものであり，火星を取り巻いて広がるガス雲からの寄与はほんのわずかである．損失の大部分は，火星の歴史の初期，約37億年前に起こったとされる．

　2015年3月に太陽フレアによる激しい太陽嵐が火星に衝突した際，大気の散逸が加速されたことも明らかになっている．さらに2017年9月に太陽で大規模なフレア爆発が起こり，火星で紫外線オーロラが観測された．

　フレア爆発の際に太陽から噴き出した高温のプラズマ粒子は，コロナ質量放出と呼ばれ，非常に高速の太陽風として太陽系空間に広がっていく．地球にも2日後にとどき，磁気嵐やオーロラの活動が活発化したりした．この太陽風は火星にも吹きつけた．火星には地球のような全球を覆う磁場はない．そのため，太陽からのプラズマ粒子は直接火星の大気をたたくこ

とになる．その影響は地球のような北極や南極の極域の近くにオーロラを集中させることはできないため，風上にあたる夜側の半球の大気全体が紫外線で光る．太陽からの粒子は火星上部の大気に吸収され，大気は温度が上昇して膨張し，一部は火星からとび出していく．

　火星の大気が現在のように薄いのは，こうした太陽風の影響で大気が徐々にはぎとられていった結果なのだろうと推測されている．

　こうした散逸により，火星の大気は徐々に失われ，大きな気候変動が引き起こされたと考えらえる．

図4-67　2017年9月の太陽フレアによる，火星の明るいオーロラの突然の出現を示したもの．紫色の色の図式は，火星の夜間（左）とイベント中（右）に見られる紫外光の強度（©NASA/Univ. of Colorado）

図4-68　メイブンは，火星の大気が太陽風によって現在の中性ガスとイオンの宇宙への散逸量と，散逸過程の比率を測定する．（©NASA/GSFC）

＜インドの火星探査機「マンガルヤーン（Mangalyaan）」＞

Mangalyaan（火星クラフト）はサンスクリット語で，Mangal（火星）と yaan（クラフト，車両）という意味．

2013年11月5日にインド宇宙研究機構（ISRO）によって打ち上げられた．火星への298日間の輸送後，2014年9月24日に火星軌道に正常に投入された．ISROはソ連宇宙計画，NASA，欧州宇宙機関の後に火星に到達する第4の宇宙機関である．それは火星の軌道に到達する最初のアジアの国家であることを意味している．

ミッションは，惑星間ミッションの設計，計画，管理，運用技術を開発する「技術デモンストレータ」プロジェクトでもある．それは火星についての知識を進歩させて，二次的，科学的目的を達成するのに役立つ5つの道具を運ぶ．科学的目的は以下の主要な探査を行う．

①モルフォロジー，トポグラフィ，鉱物学を研究して火星表面の特徴を探ること．

②リモートセンシング技術を用いてメタンと CO_2 を含む火星大気の成分を研究すること．

③火星の上部大気のダイナミクス，太陽風と放射の影響，揮発性物質の宇宙空間への逃避の観測．

図 4-69　インドの火星探査機「マンガルヤーン（Mangalyaan）」（©ISRO）

<エクソマーズ>

エクソマーズローバーミッションは,ヨーロッパとロシアの火星探査計画.宇宙生物学的な探査計画であり,火星の生命による痕跡の探査が目的である.マーズエクスプレスの成果を引き継ぐ形で火星で検出されたメタンやその他の微量ガスの発生源を追跡するように設計されている.メタンの存在は,その有力な起源が現在の生命または地質活動のいずれかであるため,興味深い

現在は欧州宇宙機関(ESA)がロシア・ロスコスモス社と共同で計画を進めている.このプロジェクトでは複数の探査機械を2回に分けて打ち上げる.

2016年3月,周回機トレース・ガス・オービター(TGO)と突入・降下・着陸実験モジュール「スキアパレリ」がバイコヌール宇宙基地からプロトンMロケットで打ち上げられた.10月19日,周回機TGOの火星周回軌道への投入とスキアパレリの火星地表への降下が行われ周回機TGOの火星周回軌道への投入に成功した.その後スキアパレリはエンジン噴射が十分に行われず地表に激突し失われたことが判明した.

2回目の打ち上げは2020年に予定され,ロシアの着陸機はエクソマーズ・ローバーを火星表面に展開させる.

図4-70 火星上空で分離された,微量ガス探査周回機(TGO)と着陸実証機「スキアパレリ」の想像図　　　(© ESA/ATG Medialab)

火星探査は次の段階へと進んだ．
それは
①火星表面には生命の兆候は見らないこと
②地下に多量の水の氷が存在していること
③南北両極には二酸化炭素の永久氷があり，気象変動に深くかかわっていること
④生命活動の指標となるメタンの存在が軌道上から発見されたこと

これらの理由から，次の探査目標は，
①地中に存在する可能性のある生命探査を進める
②地震計の設置による火星内部の状態を調べる
③有人火星探査をめざして，有人探査に有用な資源の確認と居住に適した地域を探すこと
④火星本体，衛星からのサンプルリターンによる地質絶対年代決定への足がかりを作ること
⑤気象衛星による継続的な気象観測を通じて火星の気候変動の解析
などである．

> **コラム**

グレート・ギャラクティック・グール
火星の呪い

　火星探査の挑戦．1960年に始まった複雑で長い時間を要する火星への旅は，多くの探査失敗を招いてきた．

　火星探査の失敗率が高いことは，密やかにグレート・ギャラクティック・グール，あるいは「火星の呪い」と呼ばれている．

　1999年，火星軌道挿入の直前に，信じがたいミスにより探査機が火星上空157 kmの高度よりも100 km低い軌道に送られた．探査機は火星の大気圏に入ってしまい，燃え尽きた．それは宇宙探査史上最大の人為ミスによって引き起こされた．ヤード・ポンド法で計算された数値がそのままメートル法で運用され，探査機に送られたのだった．

　2003年のクリスマスに，ESAのマーズ・エクスプレスから分離したイギリスの火星着陸船「Beagle 2」からの信号を待っていた．しかし，何の応答もなかった．この画像は，アメリカのマーズ・リコネッサンス・オービターが撮影したもので，着陸装置のソーラーパネルが取り付けられている4枚の「花びら」の1つが完全に開いていないことを示唆している．着陸は成功したにもかかわらず．

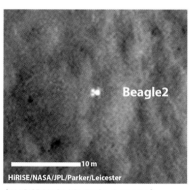

(©HiRISE/NASA/JPL/Parker/Leicester)

火星には，何者かが地球人に発見されることを望んではおらず，火星のことを知ろうという努力を妨げているのだろう，というのがグレート・ギャラクティック・グール理論だ．

　いままで火星探査は，アメリカ，ソビエト・ロシア，ESA，中国，インド，そして日本が合わせて44回試み(2018年5月)，23回の失敗，一部成功が3回，成功は18回，とのことである．

　しかし，次の段階はもちろん，そこに宇宙飛行士を送ることだ．火星着陸がうまくいった時，誰が彼らを待ち受け，彼らはそこで何を見つけるのだろうか．

第5章
新しい火星像

火星は太陽系の惑星の中で地球の環境に最も近い惑星です.

地上から望遠鏡で観測していた時代,太陽系の惑星で唯一地球同様,四季の変化が見られ,雲や霧が観測され,ついには運河論争や高等な生物の存在まで議論されるほどでした.

一方で望遠鏡で見た火星面は太陽光の反射率の違いを見る,いわば模様を見ていたに過ぎません.地形の詳細,高低などは測れず,気象変化とそれにともなう模様の変化を見るにとどまっていました.火星の地形,地質,物理的な性質などを知るには,火星に探査機が飛び,周回軌道上から地表の様子を調べたり,着陸してその場の調査ができる,という環境が整ってはじめて理解し,議論できるようになったのです.

新たな火星像は,SF 小説などに描かれてきた世界ではなく,宇宙の厳しい環境にさらされ続けている小さな惑星でした.しかし,地球とは異なる惑星進化をした姿がわかるにつれ,その環境下でも生物が誕生できたはず,という新しい期待が持てるようにもなりました.

(©NASA)

1. 火星の地形の主な特徴

　火星の地面に降り立ったランダーや動き回るローバーによる地上探査からこれまでに水があったことの証拠となるヘマタイト（赤鉄鉱）や磁鉄鉱，そして硫酸塩の検出や岩石の層理の発見などの新しい情報が次々ともたらされた．塩類の存在や縞状の層理はかつての海の痕跡ともされる．地上に降りて映し出された火星の光景は，地球上の風景と重なり，専門家ならずとも引き込まれていくものだ．目の前に広がるレゴリス（regolith，固体岩石天体の表面をおおうルーズで不均質な物質）と呼ばれる赤っぽい砂とそこから顔を出す岩石，少し遠くにある露頭とよぶ地層の様子，規則正しく水平に堆積したと思われる地層もあれば，地層が割れて食い違いを見せる断層が見えるところもある．足元の地面を見渡せば，岩石が一様の大きさで一方向に傾いていたり，大小様々な角張った岩石が転がっていたりする．そうした地形がどのような時期にどのようにしてできてきたのか，その背景にどんな力や作用があったのか，など興味は尽きない．

　火星の地形は，どのような地史を背景に出来てきたのだろうか．
　火星の地表はその地形的な特徴から主に4つの領域に分けられる．
　①巨大楯状火山と巨大峡谷の載るタルシス地域の隆起
　②南半球全体に広がる年代的に古い高地地形
　③北半球に広がる新しい時代の平原と低地．地形
　④北極と南極に集積した水の氷とその地形変化

2. 火星の内部構造

　火星の内部は，内部構造を調べる目的の着陸探査に成功していないため，主に軌道上の観測と地用の地球科学的な探査をもとに考えられてきた．それによると鉄が豊富な珪酸塩鉱物と薄い地殻からなる厚いマントルが，鉄・ニッケルの合金と硫化鉄の核をとりまく構造を持っている．

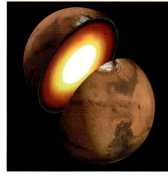

図 5-1 火星の内部想像図
暑い核とマントル，表面の地殻を描いたもの．鉄，ニッケル，硫黄の金属核と鉄に富んだ岩石のマントル，最外部の地殻．（©NASA）

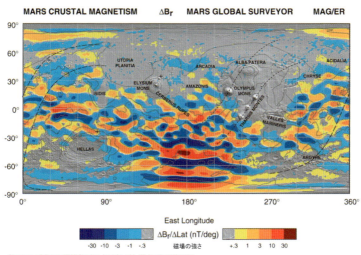

図 5-2 火星の地磁気の地図
南半球には，初期の火星にダイナモの作用を証する残留磁場が存在する．火星地殻の最も古い露出部分である．北半球は明らかに弱い．（©Connerney J.E.P., M.H.Acuña, et al., Proceedings of the National Academy of Sciences.）

　地球では鉄・ニッケルの核が固体の内核と溶けた外核の構造を持ち，外核の対流運動が，一種の発電機として働くダイナモ作用による惑星磁場を持つが，火星では磁場を持たないため，核は固体と考えられている．ただし，南半球中心に地球の磁場の5倍の強度の帯状の磁気構造が観測されており，過去において火星全体の磁場が存在していたこと，その磁場の逆転が起きていたことを火星表面が帯状に記録していることから示している．

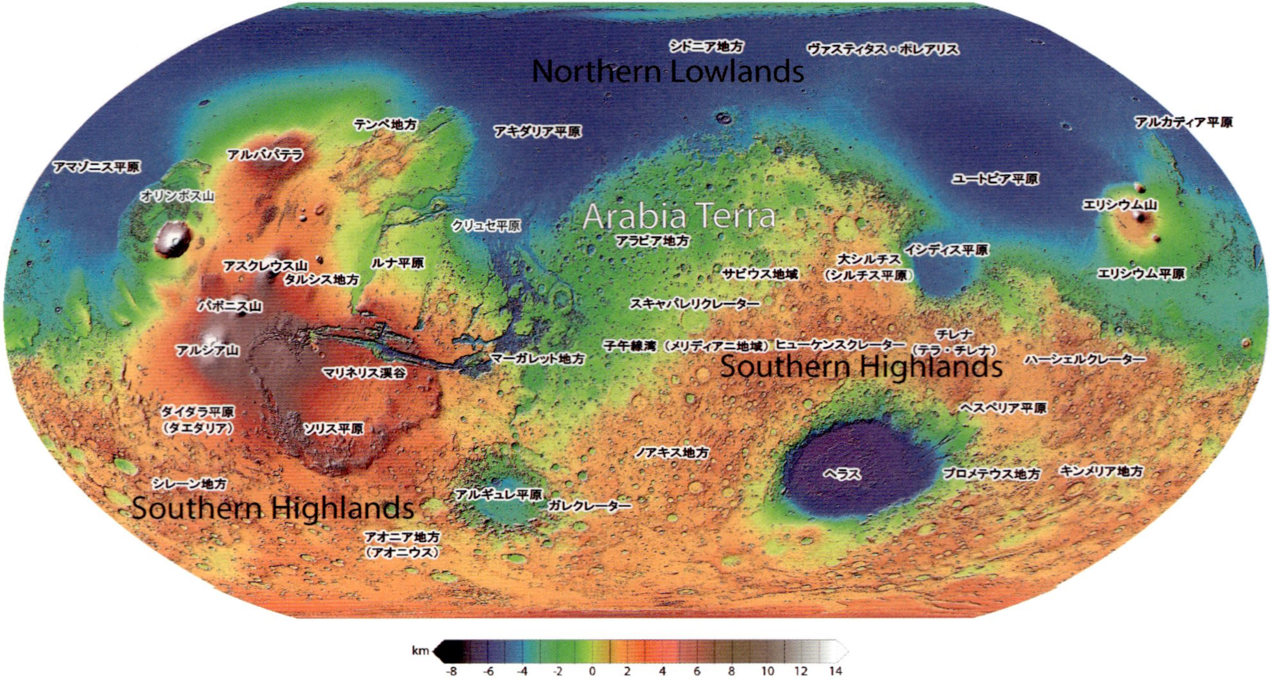

図 5-3 火星の標高データマップ (©MOLA/MSSS/NASA)

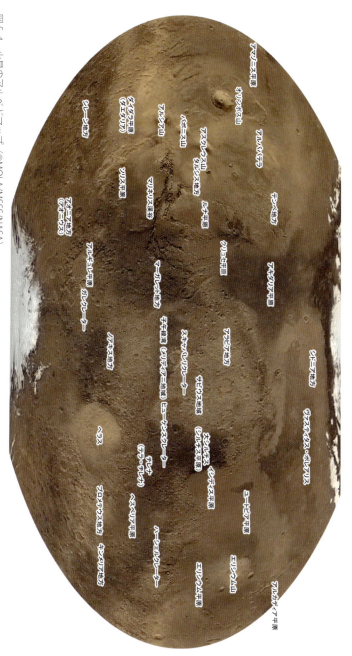

図 5-4 火星のアルベドマップ（©MOLA/MSSS/NASA）

第5章 新しい火星像 111

火星には地球のプレート運動をもたらすマントル対流はあるか，というと，地球のようなプレートは火星にはないが，火星誕生後10～15億年は，マントル対流はあったと考えられている．しかし，火星は大きさが地球のほぼ半分，質量は1/10と小さいため，冷えやすく，また，重力が地球の1/3のため，地球に比べて分厚く動きにくい地殻の形成により，全球のプレート運動を起こすことはなかった．

　微惑星が衝突合体してできた原始火星は，表面が溶けたマグマオーシャン状態だった．その内部から放出された窒素，二酸化炭素などのガスや水蒸気は，原始火星大気を形成した．その後，温度が下がるにつれて，一時期，水は液体の海となり，二酸化炭素主体の数気圧の大気があったのではないかとされる．

3. 火星の地形の二分性

　火星は地球に比べ小さく，太陽からの距離も遠いため寒冷化しやすく，

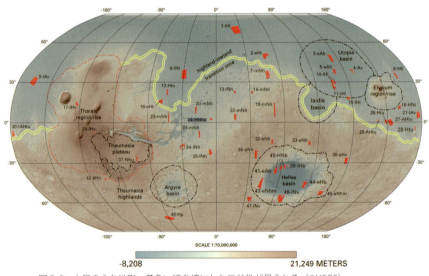

図5-5　火星の主な地形．黄色い線を境にした二分性が見られる（©USGS）

水は液体として存在できず，北極と南極に氷の極冠となったり，岩石や地下の空間に地下水または氷として閉じ込められた．

大気は初期には濃く，温暖で湿潤な気候だったが，弱い重力のために宇宙へ散逸したり，全球磁場が消失した後は太陽風によるはぎとりが進み，希薄になり寒冷化した．

火山活動が起こり，巨大なシールド火山やパテラと呼ぶ火星特有の火山，ドーム状の巨大な溶岩台地など，火星は大きな地殻構造が特徴である．これらは地球と異なるマントルの熱対流によって生成される．

火星は月よりも大きく，地球より小さい惑星で，その進化は月と地球を併せ持つようなユニークなものとなった．

火星は北半球と南半球で大きく異なる地形が広がっている．まず，火星の地形の高さを表す指標だが，地球でいう標高にあたるものは，現在，火星には海はないので，温度 273.16 K，気圧 610.5 Pa の面を火星のジオイド（アレオイド，平均火星面）と定義されている．

この指標で，標高がマイナス，すなわち低地は北半球に広く分布し，反対にプラス，すなわち高地は南半球に広がっている．さらに北半球は小さなクレーターが散在する平原がひろがっているが，南半球には大小様々なクレーターが多数存在する．これは，地球で考えると，海洋底と大陸，というように見ることができる．地球では海洋底は薄い玄武岩質，大陸は花

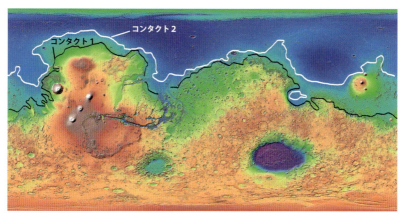

図 5-6　火星の海岸線（©NASA）

崗岩質の地殻だが，はたして，火星も同じであろうか．北半球と南半球の標高を比較すると北半球の標高は南半球の高原より平均約 5.5 km 低く，地殻は北半球の北部平野で約 40 km，南半球の高地で約 70 km と，北半球は約 30 km も薄くなっている．

この二分性の起源については様々な説があるが，まだ確かな証拠はない．

北半球の低地では本当に海が存在していたのだろうか．この地形図からも，かつての海岸線だったと思える地形が見て取れる．海だったという証拠は何だろう．まず，海底に堆積してできる堆積岩が大きな目安になる．さらに，段丘，三角州のような海岸地形がある．これらは軌道上からオービターで，さらに着陸したランダーで探査が進められてきている．

たとえば，軌道上から撮影された海岸線と思われる 2 つの線状地形を見出し，それぞれコンタクト 1，2 と名づけられた．これらは，ほぼ全球を取り巻くように一周しているという特徴がある．コンタクト 1 の平均高度は $-2.54 \sim -2.55$ km で，コンタクト 2 の平均高度は -3.792 km と推定されている．クレーター年代学に基づき，コンタクト 1 はヘスペリアンに形成され，コンタクト 2 はヘスペリアンかそれより新しい時代に形成されたと推定されている．

現在の地形でコンタクト 1 の標高まで水で満たされていたとすると，平均水深は 1.99 km（最大水深 3.75 km），コンタクト 2 の標高まで水で満たされていたとすると，平均水深は 0.54 km（最大水深 1.46 km）と推定されてもいる．しかし，明確な海岸地形は見当たらない，という反論もされている．

4. タルシスドームと巨大な火星の火山

火星の最も壮大な火山の特徴は，巨大なシールド（たて状）火山だ．シールド火山の大部分はタルシス地域に存在し，12 個の大きな火山といくつかのより小さな火山がある．もう 1 つの火山地域であるエリシウム地域は小さく，火山は 3 つしかない．火星の最大の火山は，地球上の最大の火山

図 5-7 オリンポス山 （©ESA/DLR/FU Berlin/J.Cowart）

図 5-8 オリンポス山山頂 （©NASA/JPL）

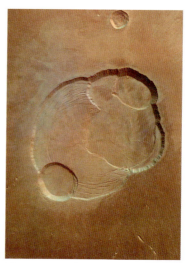

図 5-9 オリンポス山のカルデラ （©ESA/PLR/FU Berlin）

のサイズの少なくとも2倍もあるオリンポス山だ．タルシス地域のドーム状隆起の西側に位置し，その直径が約 550 km で，周辺の平原より 25 km の高さがある．これはエベレストの3倍近い高さだ．斜面の傾斜は角度が数度しかないゆるやかな山だが，外縁部は高さ 5,000 m 以上の切り立った

第 5 章 新しい火星像 115

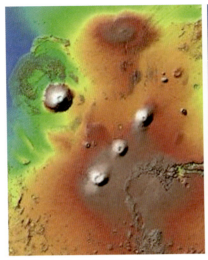 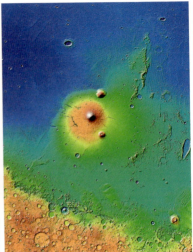

図 5-10　タルシス高地（©ASA/JPL）　　図 5-11　エリシウム山（©NASA/JPL）

崖が取り巻いている．

　オリンポス山の火口は大きなカルデラ地形となっている．カルデラは長径 80 km，短径 60 km，深さ 3.2 km もあり富士山がほぼ収まってしまう．中央のカルデラには放射状の多くの長い尾根，溶岩流路に似た狭い流路，すじ状の流れがある．これらの流れのタイプはすべて地球の盾状火山にもあり，それらを作った溶岩の物理的性質は玄武岩に似ていることを示唆している．

　タルシス地域の 3 つの盾状火山は，北からアスクレウス山（右上），パヴォニス山（中），アルシア山（下）という名称だ（図 5-12）．3 つの火山の中では，アルシア山が最も古く，その後パヴォニス山が形成され，最後にアスクレウス山が形成されたと考えられている．みなオリンポス山より幾分小さく，水平に 350 〜 450 km，それぞれ周囲の平原より約 15 km の高さがある．これらの山は，火星の地殻，リソスフェアがドーム状に盛り上がったタルシスドームの広大な隆起の頂上に位置し，頂上はオリンポス山の頂上とほぼ同じ高さにある．

　エリシウム地域は，火星で 2 番目に大きい火山地域だ．それは東西 2,400 km，南北 1,700 km あり，タルシス同様リソスフェアが隆起したドームを

形成している．3つの大きな火山は，北からアルボア・トーラス，エリシウム山，ヘカテス・トーラスと並んでいる．なかでも，エリシウム山は高さ8 kmほどの，ゆるやかな富士山型をした，成層火山のように見える．タルシス地域に見られる火山よりも小さいが，それでもかなり大きい．エリシウム山はこの地域の最大の火山で，周囲の平野の上に直径 700 km，平野面からの高さは 13 km ある．

　火星の火山がたいへん巨大である理由は，長い年月にわたって同じ場所から溶岩が噴出し，それが積み重なったこと，重力が地球に比べると弱く，大きな山体が作られたこと，雨や風による風化もないか，あっても弱い，こうした理由のためだと言われている．なかでも火星には，地球にあるようなプレートテクトニクスのメカニズムがないか，あったとしてもごく初期に起こったが内部の冷却が速く，止まってしまった．地球ではいまだに中心部がとても熱いために，マントルと呼ばれる地球内部の岩石の層がゆっくりと対流して，プレートと呼ばれる地表がマントル対流に運ばれ島や大陸が移動し，地球内部に潜り込むことで地表が作り替えられているが，火星ではほぼ同じ地域，場所で火山の形成が行われてきた．

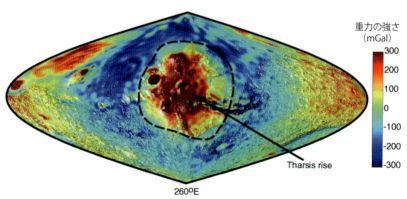

図 5-12　タルシス地域の隆起地形（©NASA/JPL）

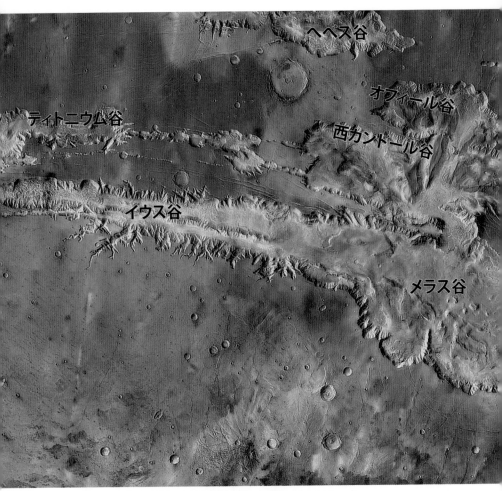

図 5-13　マリネリス渓谷　(©NASA/JPL–Caltech/University of Arizona)

5. マリネリス峡谷

　火星の赤道付近にマリネリス峡谷と呼ばれる深い谷がある．「火星のグランドキャニオン」などと称されたりもするが，深さ約 8 km，長さ約 4,000 km という規模は，アメリカのアリゾナ州にあるグランドキャニオンをはるかに陵駕する規模だ．

　地球のグランドキャニオンは，コロラド川が高地を侵食して作られたものだが，火星のマリネリス峡谷は河川が削ったものではない．火星表面で

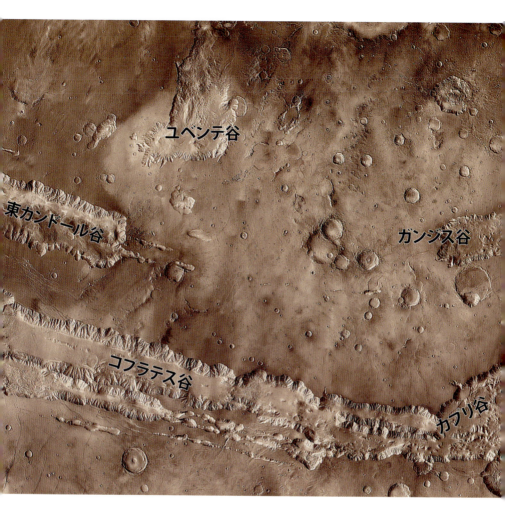

は，局部的に水によって侵食を受けたと思われる地形が見つかっており，マリネリス峡谷の中でも，峡谷が北部の低地へ開ける部分では洪水の痕跡と見られる地形が多く見られる．しかし，これほど大規模な峡谷がすべて水流の浸食によって作られたとは考えにくく，より大きなスケールでの断層運動によるものと考えられている．

　マリネリス峡谷は，西から東への3つの主要部門に分けられる．それはタルシス地域の隆起したドームの最も高い地点であるシリア平原から始まる．始まりはノクティス・ラビリントス（Noctis Labyrinthus）と呼ばれるたてよこに交差する迷路のような谷の構造だ．巨大な迷路を連想する谷

は，平原の周りを半周ほどして谷を深めながらマリネリス渓谷へとつながる．幾すじかの谷の中央部分は，長さ2,400 km，幅300 kmの平行な渓谷が続いている．谷は最も深い場所で谷底まで7 kmの深さだ．谷はみな東南東方向に向き，西から東に向けてイウス谷，メラス谷，コプラテス谷，エオス谷といった地形を形成している．多くの場所で，地すべりの堆積物で覆われているか，断層によって割かれている．広大な渓谷の谷底には，層状の地層が見つかっている．科学者は，これらは峡谷の中に形成された古代の湖に堆積した堆積物であると考えている．この峡谷群は，浸食によってではなく，タルシス地域が乗るリソスフェアの，局所的な沈下によって形成されたように見える．

渓谷の最も東側は最終的にカオス地形を含む大洪水地形の地域へと消えており，それらは最終的にクリュセ平原へと続いている．

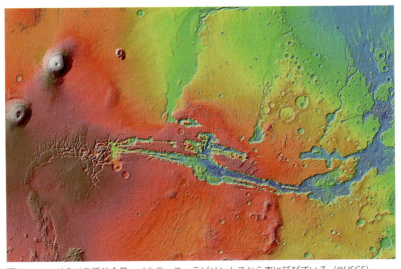

図5-14　マリネリス渓谷全景　ノクティス・ラビリントスから東に延びている（©USGS）

6. 川の流れた痕か，洪水か

　火星は誕生からしばらくは温暖で湿潤な地球のような環境で，海があったと考えられてきた．水に富む揮発性物質はおそらく，火星を作った微惑星が持っていたものだろう．それが火星誕生時，降り注ぐ微惑星の運動エネルギーの開放によって表面が高温で溶けたマグマオーシャンの時期に，これらの揮発性物質は部分的にガス放出され，表面に蓄積された．数百mの深さの規模の海洋を作れるだけの水に相当する脱ガスについて議論がなされてきている．

　これらの証拠は，地球上の乾いた河床によく似た多くの川の流れのようなチャンネルが南半球の高地に見られることだ．多くの巨大な流路は，

図 5-15　火星表面の流出チャンネル（赤）と，谷ネットワーク（黄）（©NASA/JPL/Malin Space Science Systems）

図 5-16　火星の水和鉱物マップ（©ESA/CNES/CNRS/IAS/Universite Paris-Sud, Orsay；NASA/JPL/JHUAPL；背景画像：©NASA/MOLAESA）

侵食性の断崖付近の南部の高地に起源を持ち，北向きに流れ，北半球の低地に続いている．多くの小さな谷ネットワークもあり，古い高地のなかに見られる．これらのチャンネルネットワークは地球上で見られた場合，「水が乾上がった川」と呼ぶのをためらうことはないが，火星上での存在は，複雑な問題がある．火星の現在の温度と大気圧では，水は火星表面で「液体状態で長く存在することはできない．それは蒸発するかまたは氷として凍結される．しかし，河川や河川流路の存在は，流水や巨大な洪水が過去に起こったことを示している．では，いつ頃液体の水があったのか，それはどこから流れて来たのか，そしてどこに流れて行ったのか．

7. 谷ネットワークと流出チャンネル

　探査機によって発見された火星の河川地形は2つのタイプ，流出チャンネル（チャンネル＝大規模な溝状地形）と谷ネットワークに分類される．図15で，流出チャンネルは赤，谷ネットワークは黄色で示す．流出チャンネルは主に，南部高地と北部低地の境界領域に分布している．流出の源は火山地形が多い．一方，谷ネットワークの多くがクレーターが多い古い南部高地に分布していて，ほぼ火星表面の半分を占めている．これらから，谷ネットワークが，ノアキアンとヘスペリアンの古い地形全体にわたって生じている一方，流出チャンネルは主として北部低地の若い地質年代の地域に生じていることがわかる．つまり，流出チャンネルは谷ネットワーク

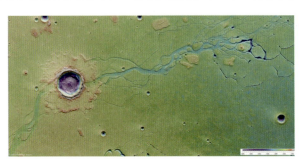

図5-17　長い曲折した谷の例　（©ESA　Mars Express オービター）

図 5-18　樹状の谷ネットワーク（©NASA/JPL/Malin Space Science Systems）

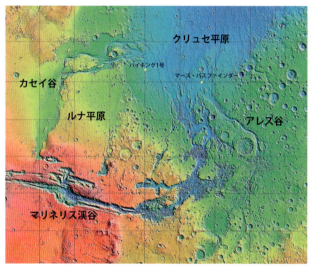

図 5-19　流出チャンネルとしては最大級の，カセイ谷とアレス谷．どちらもクリュセ平原に流れ込むように見られる．（©NASA/JPL）

の後に形成された，と考えられる．

　谷ネットワーク地形はさらに大まかに 2 つのタイプに分けることができる．わずかな支流をともなう程度の長い曲折した谷が伸びる地形，もう 1 つは，比較的小さな谷ネットワークで，複雑に木の枝のよう（樹状）に支流が分岐し，広がるパターンだ．

　長い曲折した谷の例を図 17 に，樹状の谷ネットワークの例を図 18 にあげる．長い曲折した谷は，その先端が周囲にエプロン状の構造を持つ比較

的大きなクレーターや急な崖が見られる特徴がある．これは河川の始まりが泉のような，地下水が湧き出る場所から始まることを意味している．

　樹状の谷ネットワークの成因は広い範囲の降水や地下水の流出によることが考えられる．どちらも水の流れが続くことが出来る地形であることから，40億年前頃には火星が温暖で湿潤な時期があったことをうかがわせる．

　流出チャンネルは多くの場合大変規模が大きく，幅100 km以上，長さ2,000 kmにも及ぶ場合もある．流出チャンネルが見られる地域はタルシス地域，エリシウム地域，ヘラス地域などの火山地形との関連が見られる．それらが始まる地域には陥没した地形や，カオス地形が広がっている．これは火山活動などの熱で地下の永久凍土層が溶けた状態のところで，何かのきっかけで大がかりな陥没が起き，その結果，地表に大量にあふれ出た

図5-20　カセイ谷の河口付近の鳥瞰風景　（©NASA/JPL–Caltech/University of Arizona）

図5-21　コロンビア川（ワシントン州）の洪水溶岩台地

水が大洪水となって北部低地に流れ出し,流出チャンネルを作ったと考えられる.

ただし,この仮説の問題点は,流れ下った先に水がたまっていた形跡が残されていないことだ.また,洪水の出発点の陥没地形の大きさから,推定される水量を供給できたかどうか,疑問もある.

こうした破滅的な洪水は地球でも生じた.例えば,アメリカ合衆国,ワシントン州のコロンビア川流域に広がる表土流失地域は,更新世のミズーラ(ミゾウラ)湖(氷河湖)の崩壊から形成された.このエリアは洪水玄武岩による地形的な特徴など多くの点で火星の流出チャンネルに似ており,注目されている.

火星の海は,水の存在を可能にするような濃厚で湿潤な大気がない現在の条件のもとでは,たとえどんなに濃い塩水であっても液体の水で存在し続けることはできない.凍っていても長い時間のうちに蒸発してしまう.けれども地下水仮説は,現在の火星の状況下でも可能である,という長所がある.

8. 火星の大気と気候

火星の大気は95%の二酸化炭素,3%の窒素,および1.6%のアルゴンを含み,水蒸気,酸素および他のガスは痕跡程度だ.火星の大気は非常に薄く,平均地表面気圧は約6ヘクトパスカル(地球は約1,013ヘクトパスカル).

火星は地球の外周を回る惑星であり,太陽から遠いぶん,地球が受ける太陽からの光エネルギーの約43%と半分以下だ.さらに太陽の周りをだ円を描いて回るため,太陽からの距離は最も近い近日点で2億km,最も遠い遠日点では2億5,000万kmとなる.地球同様火星も太陽光エネルギーが気候変化の最も大きな要因であるため,公転軌道による変動は火星の気候に大きな影響を及ぼしている.

まずは火星の気候の季節変化を理解するために,火星が太陽の周りを回

る公転運動と，その公転面に対して傾きを持つ自転軸による火星の日周運動から，火星の1年を通した季節変化や日々の温度変化を理解しよう．

火星の季節変化は，第1章で説明したが，火星の太陽黄経 Ls を使い，地球同様に春分からの二至二分をあてはめて考えると理解しやすい．

火星の春分の日に当たる春分点の太陽は火星から見て，さそり座の方向に見えるはずだ．火星上では太陽はほぼ地球で見る黄道 12 星座の中を夏至の頃は，みずがめ座，秋分の頃は，おうし座，冬至の頃は，おとめ座，と動いていく．

まず，火星の北半球の春分，夏至，秋分および冬至をそれぞれ太陽黄経 Ls = 0°，90°，180° および 270° と定義する．これから火星の近日点（太陽に一番近くなる点）は，Ls = 251° の点で，遠日点（太陽から一番遠くなる点）は Ls = 71° となる．火星の近日点距離は 1.38 AU（約2億700万 km，AU は天文単位で約1億5,000万 km），遠日点距離は 1.67 AU（約2億5,000万 km）．火星の近日点は冬至に近く，遠日点は夏至に近い．このことから火星の北半球が夏至の時の火星 - 太陽間の距離は，春分，秋分の頃より離れているので北半球の夏はそれほど熱くならず，反対に冬となる南半球は寒い冬となる．北半球の冬至は近日点に近いため，北半球の冬はそれほど寒くならず，南半球は暑い夏となる．

では，火星の大気とその気候について見ていこう．

火星の大気は驚くべきことに薄い大気の主な構成要素の二酸化炭素の約

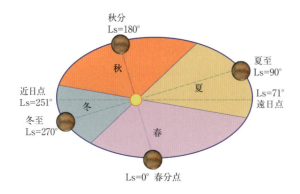

図 5-22　火星の公転軌道と季節変化の関係．Ls は火星の太陽黄経

1/3を地表と大気でやり取りしている．つまり大気がいきなり凝固したり昇華したりしているのだ．火星の北極と南極の冬になると，二酸化炭素と水の氷からなる極冠の形成拡大に伴って火星全体の大気量が変化してしまい，それにともない大気圧の大きな変動と赤道をまたいで大気の移動が起こる．極冠の積雪は，大気中の二酸化炭素が雪となり降り積もったり，北極冠では水の雪による降雪も確認されている．

北極冠に比べ，南極冠のほうが形成，消滅の変動が大きいが，火星がだ円の公転軌道を描くことから太陽との距離の変動が大きく，それが南北半球の気候の違いに影響している．

大気中に浮遊するダストが太陽エネルギーを吸収して大気の加熱源となっていることも火星特有の気象現象だ．ダスト，といっても，常に大気中に浮遊しているのは，粒径で0.2〜1.5 μm（マイクロメートル）．これはほぼ煙の粒子サイズといっていい．火星の希薄な大気にあっても浮遊でき

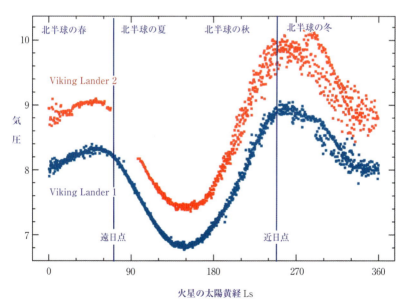

図5-23　バイキングのランダーが降りたクリュセ平原とユートピア平原における気圧の年変化．2号のほうが標高が低いため気圧が高い．気圧の季節変化は北半球の夏から秋の時期が最も気圧が低い．近日点から夏至にかけてが気圧が最も高くなる．（©Smith M.D., 2008 Annu.Rev. Earth Planet.Sci.36:191-219）

るサイズなのだ.

　このチリを含む大気は,季節の変わり目に大規模な砂嵐などの気象現象を引き起こすことがある.

　火星大気の構造は,地球ほどはっきり高度と温度の相関のある対流圏,成層圏という区別はなく,地表から 50 km くらいまでを下層大気とし,地球で見られる巻雲のような雲も観測されている.温度勾配も少なく,ダストの多いとき,少ないときで変動が大きく,ダストの影響が大きいことがよくわかる.オゾン層はないが 100 km くらいまでを中層大気,さらにその上を上層大気としている.

　これらから,火星の気象は地球のような,赤道周辺と南極,北極周辺の日射量の差が生み出す大気の流れによる,熱帯,温帯,寒帯といった気候区分や,高気圧,低気圧といった地表付近の気圧変動とは異なり,南北半球レベルでの気圧変化による赤道をまたいだ大気のグローバルな動きがあることがわかる.図25のように,火星が太陽に最も近づく近日点を通過し,その直後に南半球での夏至となるが,その頃,火星の大気は最も高い気圧となる.これは火星の南極の二酸化炭素が最も昇華(氷がガスに変わる)する時期と一致する.

　反対に火星が遠日点を通過した直後に夏至(南半球での冬至)となるが,その頃から大気中の二酸化炭素は南極極冠上で凍結し始めるため気圧

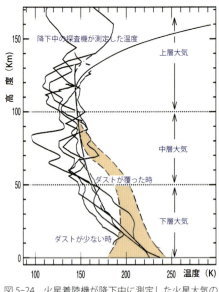

図 5-24　火星着陸機が降下中に測定した火星大気の温度分布

地球のようなオゾン層がなく,温度勾配が少ないため対流層,成層圏ができない.
地表付近の気温は,着陸機が降りた緯度(北緯48度から南緯10度)による差が少ない.ダストの量によって地表付近の温度もかなり変化する.(The Atmosphere and Climate of Mars の図に加筆)

も下がり始め,秋分(南半球が春分)を迎える前が最も低い気圧となる.

さらに火星表面は地球のような熱容量の大きな海を持たないゆえ,熱しやすく冷めやすい性質を持つ.地球の気候では,太陽高度が最も高くなる夏至を過ぎてひと月以上経って真夏の気候になったり,最も寒くなるのも冬至からひと月以上経ってから,といったズレがある.これを放射緩和時間といい,地球の場合は100日ほどあるのだが,火星は3日ということだ.

したがって,二至二分の太陽高度の変化と季節変化はほぼ同時,といってよい.

火星面に降り立ったランダーは,その地点での気温,気圧,風向,風力などの気象データを観測してきている.古くは1977年のバイキング1,2号ランダーからのものがある.ただしランダーが降り立った地点は赤道から北半球の低地に偏っており,南半球の中緯度以南の気象データは得られていない.

火星の表面における大気の圧力は,地球上の海抜30〜40 kmの高さに現れる圧力に相当する.これは地球の地表面の1/150の薄さであり,液体の水はなく,氷か水蒸気としての存在が見られ雲や霧,降雪など多くの面で地球と似た現象が見られる.一方で大気が薄いため温室効果がない.そのため夜間,放射冷却のため火星は昼に太陽から受け取る熱エネルギーを保持することができない.火星の平均気温は−60度.冬には,極の近く

図5-25 バイキング2号のランダーが降りたユートピア平原の朝,霜が降りている(©NASA/JPL)

で気温が−125度に下がる．火星の夏の日は赤道付近で最高20度まで上昇することがあるが，夜間は温度が約−73度まで下がる．寒暖の差はとても激しい．

火星の湿度は気温の変動に結びついている．夜間には，相対湿度が80〜100％に上昇することがあり，水蒸気が飽和することがある．

バイキング2号ランダーは，北緯48度のユートピア平原に着陸したが，朝，霜が降りているのを観測している．

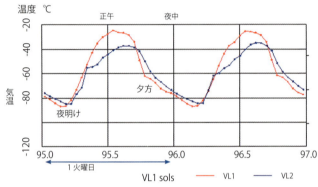

図 5-26 バイキングのランダーによる火星の気温変化（©NASA）

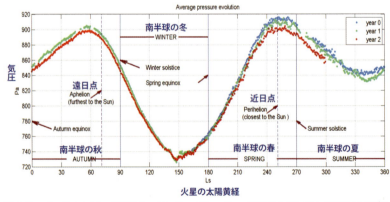

図 5-27 キュリオシティが降りた，ゲール・クレーター（南緯5.2度）の1年間の気圧変化．気圧が最も低いのは南半球が冬の時期，気圧が最も高のは近日点の時期．バイキングの記録とほぼ同じ変化をしている．（©NASA）

9. 北極冠，南極冠の消長

　地球の南極大陸が氷河で覆われているように，火星の北極と南極にも白い氷の地形（極冠）が広がっているのが見られる．それぞれ，北極冠，南極冠と呼ばれる．火星の極冠の正体については，南北とも氷（H_2O）の本体をドライアイス（CO_2）が覆っている．ドライアイスは，冬に氷全体と周囲の地表を覆って白く見える部分の範囲を広げ，夏には昇華してその下にある水の氷が露出すると考えられている．火星は，公転の速さが比較的遅くなる遠日点付近で，南半球が冬至，北半球が夏至になる．近日点付近で日射量が多い頃に南半球が夏至，北半球が冬至になる．

　極冠は南北それぞれの冬に最大となり，大きさは，北極冠で最大直径 1200 km，緯度 60 度まで覆う大きさだ．南極冠は直径 400 km で，北極冠より小さいが，冬にはドライアイスの雪が緯度 50 度まで覆う．その厚さは北極冠では 1 m，南極冠では約 8 m になる．

　両極冠ともにらせん状の谷を形成しているが，これは自転によって起こされるコリオリ効果による．

　極冠の季節変化だが，北極冠は北半球の春から夏にかけて氷の本体を覆うドライアイスが昇華して消失し，夏至の頃に最も小さくなる．秋分の頃になると，極地方は雲に覆われてしまう．一方，南極地方は南半球の冬至をすぎてから雲が現れ，春分の頃まで覆われる．極冠の大きさは，それぞれの春分の頃でくらべると，南極冠の方が北極冠よりかなり大きく見える．また，それぞれの夏季の縮小は南極冠の方が北極冠より速く進む．この南北の違いは，火星の公転軌道がだ円であるため，ケプラーの法則により公転速度が遠日点前後ではゆっくりとなり，それだけ長い時間太陽から遠い期間を過ごすことになる．遠日点（太陽から一番離れる位置）付近で冬至となる南極冠は日の当たらない低温状態が長く継続することになり，大気の二酸化炭素がドライアイスとなって広がる要因となる．近日点（太陽に一番近づく位置）前後では公転速度が早くなり，近日点付近で冬至となる北極冠は低温状態の期間が短い．近日点通過後に夏至を迎える南極冠は強

第5章　新しい火星像

図 5-28 夏の北極冠のリアル画像（©NASA_Goddard Space Flight Center Scientific Visualization Studio）

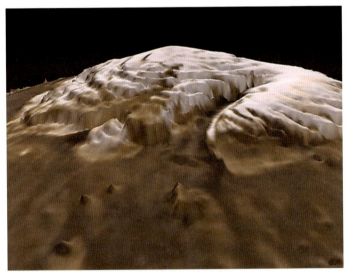

図 5-29 北極冠の3Dイメージ．直径約 1,200 km，高さ最大で 3 km，峡谷は 1 km 深く削られている．（©NASA）

い日射を受けるため，夏至前からドライアイスの昇華が進み，最後は最も標高の高い地域にドライアイスと水の氷床が残る．

　つまり，火星の南半球は，北半球にくらべて，冬はより寒くて長く，夏は短いがより暑くなる．

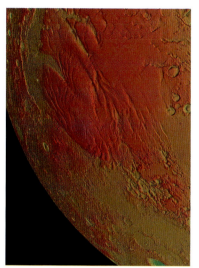

図 5-30　南極冠の標高マップ（©NASA/JPL/Malin Space Science Systems）

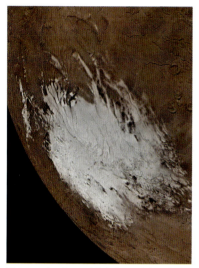

図 5-31　真の色で示された火星の南極の俯瞰図（©NASA_Goddard Space Flight Center Scientific Visualization Studio）

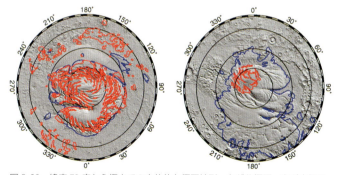

図 5-32　緯度 72 度から極までの立体的な極冠地形．左が北極冠，右が南極冠．各半球の赤い等高線は，残存氷冠の大体の広がり（高いアルベド）を示す．青色の輪郭は，標高の高い地形の領域をトレースしたもの．（©tharsis.gsfc.nasa.gov/MGS MOLA and RS Science Teams）

第 5 章　新しい火星像

10. 今でも水が流れたと見られる形跡

　火星には豊富な水があることは確定してきた．それが極地域を除いてどこにどのような形で確認できるか，が関心事となっている．

　シレーン地溝帯の近くにあるクレーターの内部の険しい斜面には，「ガリー」と呼ばれる細いスジ状の溝が見られる．成因については，水の流れによって地表面が削られてできたか，地下水が染み出てきて削られた，と

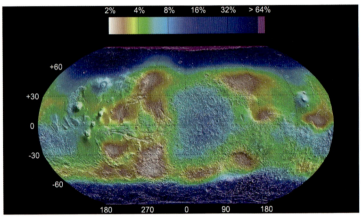

図 5-33　火星の地表下に存在する含水量の推定値
緯度 60 度を超える高緯度帯に 30～60％ という含水量地帯が広がる．マーズ・オデッセイのガンマ線分光器スイートの中性子分光器コンポーネントによって測定された水素の存在量から推定（©NASA/JPL/Caltech/ ロスアラモス国立研究所）

図 5-34　Sirenum Fossae 地域のクレーター．比較的最近形成されたと考えられる．ガリーが幾筋も見えている．（©NASA/JPL/University of Arizona/Alfred McEwen）

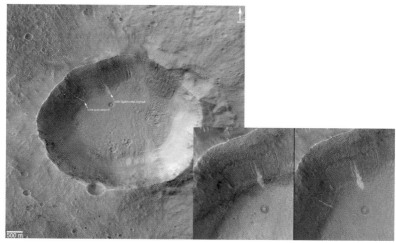

図 5-35 2001 年,シレーン地溝帯の無名の火口の壁に見つかったガリーとは異なる場所に,2005 年に新しいライトトーンデポジットが現れた.(©NASA/JPL-Caltech/Malin Space Science Systems)
(後日,このクレーターは,Naruko と命名された.)

> 「Naruko」クレーターは,国際天文学連合(IAU)によって命名された,火星の南緯 -36.2 度,西経 161.8 度にある直径 4.4 km の小クレーターです.
> 「以前の日本の町」として 2008 年 1 月 18 日に米国地質調査所(USGS)のホームページに掲載されました.
> 大崎生涯学習センターからスミス博士への確認により,「有名な温泉地である大崎市の鳴子温泉にちなんで命名された」ことが,2008 年 8 月に判明していました
> (パレットおおさきホームページから)

いう説や永久凍土が崩れて起こった泥流の跡であるという説などがある.液体を必要としない成因として,乾燥粒子流やドライアイス崩壊説もある.これらの観測をしている MGO(マーズリコネッサンスオービター)は,同じ斜面を数年にわたり観測して,流出現象が継続して発生しているガリーを見つけている.

　火星には数万個のガリーが確認され,両半球の中・高緯度に集中している.マーズ・オデッセイの地表下の含水量観測からも噴き出しているのは,水の可能性が高いといえるのではないだろうか.

11. ダストデビルからグローバルなダストストーム（砂嵐）

 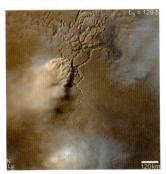

図 5-36 （左）ダストデビル 数百 m 規模になる．（右）局地的なダストストーム．風速 45 m/s で吹き上げている．（©NASA/JPL-Caltech/Malin Space Science Systems）

　学校のグラウンドなどの広場で，晴れた日中につむじ風がおこることがある．地上の砂や落ち葉などを巻き上げながら，ときにはテントを吹き倒したりすることもある．この突風は地表付近のダストを大気中に巻き上げることから「塵旋風」と呼ばれるが，英語では「ダストデビル（Dust Devil）」と呼ばれる．火星でもダストデビルが頻発し，そのサイズは高さ数百 m に及ぶ．

　火星のダストは　それが大きなダストストーム（砂嵐）へつながることもある．

　マリナー 9 号のデータによると，ダストストームは時速 200 km 以上の速度で移動し，風速は最大時速 500 〜 600 km（地球の大気中の音速の半分）にもなり，地球上の暴風の風速をはるかに上回っていた．バイキングの着陸船は最大 30 m/秒の風速を測定した．さらに，火星の薄い大気のもとでは，粒子が衝突するととびちった小さなかけらは 2 次的な衝突を起こす．空気が小さなかけらにブレーキをかけるいわゆるクッション効果を実質的に生じないのだ．高速の風とダストの衝突は，小さな粒子が効果的な浸食作用をすることを可能にする．これらから火星のダストの嵐は，高い浸食率を示唆している．

こうしたダストはどのようにして供給されてきたのだろう．1つは火山噴火による火山灰などからの供給がある．さらに粘土鉱物も見られる．ガラスのビーズや岩石の破片でできている月のレゴリスに似た細かい固溶体は，間違いなく隕石の衝突から生成されるのだろう．直径数mのクレーターを作る小さな隕石落下はかなりの頻度でとらえられている．これらの細かい物質は強風によって持ち上げられ，拡散し火星全土を覆っている．

　そのダストのサイズだが，チリというには細かく，粒子サイズは一般に直径3 μm（マイクロメートル），3/1000 mm．ちなみに地球の大気汚染物質で関心の高い，PM2.5は粒径2.5 μm以下の粒子状物質ということから見て，まさに火星のチリサイズだ．火星の場合は大気圧が地球の1/150と，とても薄いが，重力も小さいため，火星大気中に浮遊していられる．さらに数年に1度の頻度で，火星全体を覆うような大規模なダストストームが発生することがある．

　火星では局地的なダストストームが1年中起こるが，ある決まった季節に頻繁に発生する．特に，地上での望遠鏡観測の時代から，大黄雲と呼ば

図5-37　（左）2001年6月撮影，ダストストームが南極冠近くのヘラス盆地（楕円形の地形）から発生（右）2001年7月撮影，ほぼ全球がダストに覆われている（©NASA/JPL-Caltech/Malin Space Science Systems）

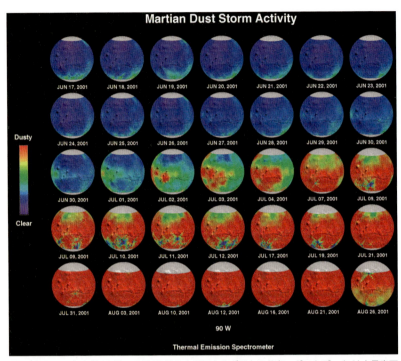

図 5-38　2001 年 6 月 17 日〜7 月 21 日の火星面上のダストの分布．ダストデータは火星表面の地図上にプロットされており，青色は相対的に透明な大気を示し，赤色はダストの濃度の増加を示している．（©Philip Christensen（Arizona State University and the TES Team）

れた火星全体を覆う最大規模のダストストームが，数年に 1 度，南半球の春から夏に発生することが知られている．

ここでは 2001 年に起きたダストストームについて見ることにする．

MGS の Mars Orbiter Camera（MOC）低解像度（7.5 km/ピクセル）グローバルマップを定期的に撮影しているが，2001 年 6 月，南極のドライアイスの極冠の後退に伴って，多数の局所的なダストストームが記録されていた．南半球の東部の高地に，まるい大きくて深いヘラス盆地がある．6 月 21 日には，小さなダストストームが南西から盆地に流入した．24 時間後に見ると，嵐はヘラス盆地の約 1/3 を覆っていた．次の 3 日間，この嵐はヘラス盆地の北部からヘスペリア地域の東方を覆ったが，赤道を越えることはなかった．その後，6 月 25 日から 6 月 26 日の昼過ぎにかけて，

赤道を横断してダストストームとして爆発的に広がり，24時間以内にアラビア地域，ノアキス地域，ヘラス盆地から数千キロ離れたヘスペリア地域を覆い尽くした．これが「グローバルな」ダストストームの始まりだった．

次の週に，ダストストームは高度 50 km 以上の成層圏に吹き込みあがり，南極のジェット気流によって運ばれて東へ拡散した．ダストストームの下では，強風を伴う前線が火星を横切って移動し多くの地域に広がった．7月4日まで，タルシス地域の火山地帯の南にあるダエダリア平原とシリア平原との間で大規模なダストストームが発生した．もう1つの嵐は，ノアキスから子午線湾南西部でダストのプルームが吹き上がり，ヘスペリア全域に広がった．

7月から8月にかけて，MOC の観測では広がっていく成層圏のダストのベールの下にある地域的な嵐の中心が明らかになった．ダエダリア平原からシリア平原のダストストームは90日以上連続してダストを発生させた．

発生から3か月後，ダストストームの勢いは衰え始めた．ダストで覆われた惑星表面は冷却され，これによって風が静まり，細かいダストも落ち着く．

ダストストームという現象について，これ以前の見解では，「全球規模のチリの嵐」と呼ばれていたが，この観測から実際には何らかの形で同時に起こるダストストームの集合体であることがわかった．また，この全球規模の出来事に火星表面の特定の地域が中心的な働きをしていた．そしてこの時初めて，ダストを巻き上げる強風が赤道を横切る流れを見られた．

大気ダストは粉塵量に比例して毎日の大気圧に変動を引き起こす．全球的なダストストームの場合，大気圧は日々急速に増加し，大気からダストが落ちるとゆっくりと減少する．1977年のダストストームの場合は，日々の圧力の大幅な増加と大気温度の減少をもたらし，数十日後にゆっくりと回復した．これらのダストストームの間，昼間の最高気温が下がり，夜間の最低気温が上昇した．その効果は昼は日射を遮り，夜間は放射冷却を弱めるという地球上の雲の効果と非常に似ている．火星のダストストームの研究結果は，冷戦時代の地球で核の脅威を訴える「核の冬」概念の研究の原動力にもなったという．

参考文献

Amos Banin 著　小森長生訳：「火星の赤土はどうしてできたか―その性質と起源をめぐる問題」惑星地質ニュース（惑星地質研究会，2005 年）

フランソワ・フォルジェ他著　水谷仁訳：『火星―赤い火星の 46 億年史』ニュートンムック（ニュートンプレス，2009 年）

平塚市博物館編：『火星大接近 2003　特別展図録』（平塚市博物館，2003 年）

井田　茂・中本泰史著：『ここまでわかった新・太陽系』サイエンス・アイ新書（ソフトバンク　クリエイティブ，2009 年）

イザベル・レイトン著　木下 秀夫訳　『アスピリン・エイジ』ハヤカワ文庫（早川書房，1973 年）

ジョン・ノーブル・ウィルフォード著　高橋早苗訳：『火星に魅せられた人びと』（河出書房新社，1992 年）

河島信樹・小池惇平著：『図解　火星探検　火星人から生命探査まで』（PHP 研究所，1997）

川上紳一，東條文治著：『図解入門　最新地球史がよくわかる本［第 2 版］』（秀和システム，2009 年）

小森長生著：『火星の驚異―赤い惑星の謎にせまる』平凡社新書（平凡社，2001 年）

丸山茂徳，ビック・ベーカー，ジェームス・ドーム著：『火星の生命と大地 46 億年』（講談社，2008 年）

松田佳久著：『惑星気象学』（東京大学出版会，2000 年）

Moroz, V.I., O.I. Korablev, and A.V. Rodin 著　市川輝雄訳, 小森長生校訂リライト：「火星の新しい研究と比較惑星学」惑星地質ニュース（惑星地質研究会，2006 年）

NASA：『Viking 1　Early Results』NASA　SP-408（NASA，1976 年）

日経サイエンス編集部編：『驚異の太陽系ワールド　火星とその仲間たち』別冊日経サイエンス（日本経済新聞出版社，2004）

小川佳子，栗田　敬著：「火星の地形のまとめと水の歴史　特集　変遷する火星環境」日本惑星科学会誌 Vol.13.No.3（日本惑星科学会，2004 年）

佐伯恒夫著：『火星とその観測（増補改訂版）』（恒星社厚生閣，1971）

澤柿教伸，福井幸太郎，岩田修二著：「地球の地形から火星を読み解く―巨大洪水地形と氷河地形―」雪氷　日本雪氷学会誌（雪氷学会，2005 年）

清水幹夫編：『惑星探査と生命』現代天文学講座 4（恒星社厚生閣，1979 年）

Willam Sheehan 著：『The Planet Mars：A History of Observation and Discovery』（University of Arizona Press, 1996）

Curiosity Rover
　https://www.nasa.gov/mission_pages/msl/overview/index.html

ESA Mars Express
  https://www.esa.int/Our_Activities/Space_Science/Mars_Express
Geologic Map of Mars
  https://www.usgs.gov/media/images/geologic-map-mars
ISAS/JAXA　MMX
  http://mmx.isas.jaxa.jp/index.html
ISRO　MARS ORBITER MISSION
  https://www.isro.gov.in/pslv-c25-mars-orbiter-mission
Mariner 4 〜 9
  https://mars.nasa.gov/programmissions/missions/past/mariner89/
  https://mars.nasa.gov/files/mep/Mars-Mission-Mariner-Fact-Sheet.pdf
Mars Atmosphere and Volatile Evolution（MAVEN）
  https://www.nasa.gov/mission_pages/maven/main/index.html
  http://lasp.colorado.edu/home/maven/2015/11/05/maven-reveals-speed-of-solar-wind-stripping-martian-atmosphere/
Mars Global Surveyor
  https://www.nasa.gov/mission_pages/mgs/index.html#.WxgRKe5lzb0
Mars Pathfinder Science Results
  https://mars.jpl.nasa.gov/MPF/default.html
Mars Reconnaissance Orbiter
  https://www.nasa.gov/mission_pages/MRO/main/index.html
NASA　Mars exploration program
  https://mars.nasa.gov/mars-exploration/missions/?page=0&per_page=99&order=date+desc&search=&category=167
Phoenix Mars Lander
  https://www.nasa.gov/mission_pages/phoenix/main/index.html
The ExoMars Trace Gas Orbiter
  https://m.esa.int/Our_Activities/Space_Science/ExoMars/ExoMars_returns_first_images_from_new_orbit
The Mars Exploration Rover mission Spirit and Opportunity
  https://www.nasa.gov/mission_pages/mer/index.html
Viking Mission to Mars
  https://mars.nasa.gov/programmissions/missions/past/viking/
  https://nssdc.gsfc.nasa.gov/planetary/viking.html
2001 Mars Odyssey
  https://mars.nasa.gov/odyssey/

索　　引

ア行

アキダリアの海　20
アクロマート　29
アサフ・ホール　31, 60
アスクレウス山　116
アマゾニアン（アマゾン代）　44, 50
アメリカ航空宇宙局（NASA）　64
アメリカ地質調査所　50
アリュンのつめ　22
アルギュレ盆地　53
アルシア山　116, 117
アルボア・トーラス　117
アレス　60
　——谷　54, 75
イーグル　86
イウス谷　120
イシディス盆地　53
色収差　27, 28
インド宇宙研究機構　102
ヴァスティタス・ボレアリス　98
ウイリアム・ハーシェル　29
ヴィルヘルム・ビール　30
ヴォルテール　60
ウジェーヌ・アントニアジ　35
宇宙戦争　38
運河論争　20
エアロブレーキング　93
永久凍土　124
エイコンドライト　62
エオス谷　120
エクソマーズローバーミッション　103
エプロン状の構造　123
エリシウム地域　116
遠日点　7, 14, 131
円盤仮説　45
オーソン・ウェルズ　38
オポチュニティ　84, 86
オリンポス山　50, 67
オルヴァン・クラーク　29

カ行

カール・セーガン　68
　——基地　75
海王星　47
カイパー　35
過塩素酸塩　98
カオス地形　124
ガス交換（GEX）実験　70
ガス惑星　45
火星　24
　——隕石　62
　——とその観測　17
　——の隕石　54
　——の海　125
　——の遠日点距離　126
　——の近日点　15
　——の近日点距離　126
　——の夏至　15, 126
　——のジオイド　113
　——の秋分　15, 126
　——の春分　15, 126
　——の進化史　47
　——の大気　125
　——の太陽黄経　126
　——の地質図　44
　——の中心部　53
　——の直径　3
　——の等高線地図　80
　——の冬至　15, 126
　——の内部　48
　——の日周運動　126
　——の平均気温　129
　——の本初子午線　30
カセイ谷　54
下層大気　128
カッシーニ　28
ガリレオ・ガリレイ　26
乾燥粒子流　135
ガンマ線　82
キムメリア人の海　21
球面収差　27
キュリオシティ　88
極冠　17
　——の季節変化　131
　——の形成拡大　127
　——の消長　80
近日点　15, 131
金属鉄　48
空気望遠鏡　27
グセフ・クレーター　84, 85
クリュセ平原　68, 73, 75
クレーター年代学　49, 114
クレーター密度　50
グレート・ギャラクティック・

グール理論　105
ゲール・クレーター　88
ケプラー式　27
原始火星大気　112
原始生命の痕跡　62
原始太陽系円盤　45
原始惑星　47
　——星雲　45
合　5
光合成独立栄養微生物　68
構造線　44
降着円盤　45
公転周期　3
氷惑星　47
国立天文台暦計算室　11
固体惑星　45
コプラテス谷　120
コリオリ効果　131
コンタクト1　114
コンタクト2　114

サ行

佐伯恒夫　17
サバ人の海　21
サンプルリターン　60
シールド火山　113, 114
紫外線オーロラ　96, 100
子午線湾　19
シャーゴッタイト　62
シャープ山　89
シャシナイト　62
集積説　60
従属栄養微生物　68
樹状の谷ネットワーク　124
衝　5
ジョヴァンニ・スキャパレリ　31
小接近　7
上層大気　128
衝突クレーター数　50
シレーン地溝帯　134
シレーンの海　20
塵旋風　136
スウィフト　60
スキアパレリ　103
スキャパレリ　18
スティックニークレーター　60
スピリット　84, 85
スメクタイト　86

143

スライファー 33
生物学的試験 68
生物実験 70
生命探査 68
絶対年代 50
層状堆積岩 89
ソジャーナ 75

タ行
大気の散逸 100
大黄雲 137
大シルチス 19, 21
大接近 7
ダイナモ作用 53, 109
ダイモス 31, 60
太陽系形成 45
太陽系後期重爆撃期 54
太陽湖 20
太陽黄経 12
ダグラス 33
ダスト 45, 127
　――ストーム（砂嵐） 80, 119
　――デビル 136
谷ネットワーク 53, 122, 123
タルシス火山 58
タルシス地域 54, 116
タルシスの楯状火山 50
タルシスバルジ 58
炭酸同化, 熱分解放出（PR）
　実験 70
地球型惑星 47
地質構造 44
チャンネル 121
中央緯度 11
中心核 48
中接近 7
中層大気 128
中央経度 11
鉄 109
鉄明ばん石 86
天王星 47
天文シミュレーションソフト 12
凍土地形 98
ドライアイス崩壊説 135
トレース・ガス・オービター 103
トンボー 33

ナ行
ナクライト 62
南極冠 17, 127, 131
南部高地 122
ニクスオリンピカ 21

二酸化炭素 126
2001 マーズ・オデッセイ 82
ニッケル 109
二分性 114
粘土鉱物 54
ノアキアン（ノアキアン代）
　44, 50, 51
　――後期 54
ノクティス・ラビリントス 119

ハ行
パーシバル・ローエル 33
バイキング1号 68
バイキング計画 67
バイキング探査機 68
バイキング2号 68
ハイゲン 27
パヴォニス山 116
ハッブル宇宙望遠鏡 49
パテラ 113
ビーグル（Beagle）2 95, 105
標識放出（LR）実験 71
微惑星 45, 47
　――仮説 45
フィロケイ酸塩鉱物 53
フォボス 31, 60
フラウンホーファー 29
フラグスタッフ 33
フレア爆発 100
プレート運動 112
プロクター 30
米国海軍天文台 60
ヘカテス・トーラス 117
ヘスペリアン（ヘスペリア代）
　44, 50, 54
ヘマタイト（赤鉄鉱） 86, 108
ヘラス 19
　――大陸 21
　――盆地 53
ホイヘンス 27
放射緩和時間 129
放射冷却 129
暴走的成長 47
捕獲説 60
北部低地 122
北極冠 18, 127, 131
ポリゴン 98
ホルムアルデヒド 96

マ行
マーガレット湾 19
マーズ・エクスプレス 95, 103

マーズ・グローバル・サーベイヤー 80
マーズ・パスファインダー 75
マーズ・リコネサンス・オービター 93
マグドナルド天文台 35
マグマオーシャン 51, 112
マリナー9号 66
マリナー7号 64
マリナー4号 64
マリナー6号 64
マリネリス渓谷 57, 118
マルガルヤーン 102
マントル層 48
マントル対流 112
ミズーラ（ミゾウラ）湖 125
ミラノ天文台 31
ムードン天文台 35
メイブン 100
メタン 96
メラス谷 120
メリディアニ・プラナム 30
メリディアニ平原 84, 86
木星型惑星 47

ヤ行
ユートピア平原 68, 73
溶岩台地 113
ヨハネス・ヘヴェリウス 28
ヨハン・メデラー 30

ラ行
硫酸塩鉱物 57
流出チャンネル 54, 122, 124
レゴリス 108
ローエル 21
　――天文台 33

ワ行
惑星磁場 53, 109

アルファベット
ALH 84001 隕石 54, 62
GRS 82
H.G. ウェルズ 38
HiRISE 94
La Planete Mars 35
MARIE 82
Mars and its Canal 33
Mini-TES 85
SHARAD 94
THEMIS 82

著者紹介

鴈　宏道（がん・ひろみち）
　1953年生．東京理科大学理学部卒業．
　1976年から天文担当学芸員として平塚市博物館に勤務．平塚市博物館
　館長，日本プラネタリウム協議会理事長を歴任．
　現在，日本プラネタリウム協議会監事，国際科学映像祭実行委員など．
　幼児から児童生徒，年配者までを対象に幅広いプラネタリウム運営を
　企画実施したほか，天文分野の普及活動，図録などの執筆を行う．

2018年7月10日　初版第1刷発行

火星ガイドブック
　　　　　　か せい

著　者　鴈　宏道 ©
　　　　がん　ひろみち

発行者　片岡一成

印刷・製本　（株）ディグ

発行所　（株）恒星社厚生閣
　　東京都新宿区三栄町8（〒160-0008）
　　TEL. 03(3359)7371　FAX. 03(3359)7375

（定価はカバーに表示）

ISBN978-4-7699-1619-2　C0044

JCOPY 〈(社)出版者著作権管理機構　委託出版物〉

本書の無断複写は著作権上での例外を除き禁じられています．
複写される場合は，その都度事前に，(社)出版者著作権管理機構（電話03-
3513-6969，FAX03-3513-6979，e-mail:info@jcopy.cr.jp）の許諾を得て下
さい．

好評発売中

人類の夢を育む天体「月」
月探査機かぐやの成果に立ちて

長谷部信行・桜井邦朋 編
A5判・256頁・定価（本体2,800円＋税）

人類にとって最も身近な天体である「月」。本書はアポロ計画以前から始まった月研究から現在までに解明された月の科学的知見を、探査機「かぐや」の成果とともに紹介。また月資源の利用、月面基地など、今後の宇宙科学のフロンティア開拓となる月開発の素描に迫る。

彗星の科学
知る・撮る・探る

鈴木文二・秋澤宏樹・菅原 賢 著
B5判・152頁・定価（本体2,600円＋税）

初学者のための「1章 天文学入門」。「2章 彗星を知る」では、彗星の組成、観測史など彗星の実像を紹介。「3章 彗星を撮る」は、デジタルカメラやソフトウェアによる彗星の撮影方法を解説。「4章 彗星を探る」では、学術的に深くアプローチ。彗星の全てを網羅した。

あなたもできるデジカメ天文学
"マカリ" パーフェクト・マニュアル

鈴木文二・洞口俊博 著
B5判・132頁・定価（本体2,700円＋税）

市販のデジカメで撮影した天体写真と画像解析ソフト「マカリ」を通して天体の素顔を探る。天体を撮影するポイントや「マカリ」の使い方、画像解析法、デジカメ天体画像の利用例を紹介。天文学ビギナーでも簡単にできる画像解析方法からプロフェッショナルな解析法まで。

旅先での南天星空ガイド
南天のロマン　南十字を探す

飯塚礼子 著
46判・74頁・オールカラー・定価（本体1,700円＋税）

日食ツアーなど数多くの海外天体観測ツアーで、またプラネタリウム館で解説員として活躍する著者がわかりやすく解説するカラー版南半球星空ガイドブック。日本では見ることができない南半球の星々、星座、伝説を紹介。また南十字星などの探し方も解説。

彗星パンスペルミア
生命の源を宇宙に探す

チャンドラ・ウィックラマシンゲ 著
松井孝典 監修　所 源亮 訳
A5判・244頁・定価（本体1,900円＋税）

生命は彗星にのって地球にやってきた！　地球上の生命は、宇宙から何らかの方法で運ばれてきたとする「パンスペルミア説」。著者とフレッド・ホイルは、彗星によるパンスペルミアを初めて唱えた。本書は彼らが展開してきた説について、丁寧に論じたものである。

天文宇宙についての絶好の参考書
天文宇宙検定公式テキスト・問題集

天文宇宙検定公式テキスト	2級銀河博士	定価（本体1,500円＋税）
天文宇宙検定公式テキスト	3級星空博士	定価（本体1,500円＋税）
天文宇宙検定公式テキスト	4級星博士ジュニア	定価（本体1,500円＋税）
天文宇宙検定公式問題集	1級天文宇宙博士	定価（本体1,800円＋税）
天文宇宙検定公式問題集	2級銀河博士	定価（本体1,800円＋税）
天文宇宙検定公式問題集	3級星空博士	定価（本体1,800円＋税）
天文宇宙検定公式問題集	4級星博士ジュニア	定価（本体1,800円＋税）

恒星社厚生閣